Timeless Europe

美丽的地球

欧洲

弗兰科·安德昂 / 著 李平 / 译

中信出版集团 · CHINACITICPRESS · 北京

图书在版编目（CIP）数据

美丽的地球. 欧洲 / (意) 安德昂著 ; 李平译. --
北京 : 中信出版社, 2016.6（2025.4重印）
书名原文: Timeless Europe
ISBN 978-7-5086-6078-3

Ⅰ. ①美… Ⅱ. ①安… ②李… Ⅲ. ①自然地理－世
界②自然地理－欧洲 Ⅳ. ①P941

中国版本图书馆CIP数据核字(2016)第069903号

Timeless Europe

美丽的地球：欧洲
著　者：［意］弗兰科·安德昂
译　者：李平
策划推广：北京全景地理书业有限公司
出版发行：中信出版集团股份有限公司
（北京市朝阳区东三环北路27号嘉铭中心　邮编　100020）
（CITIC Publishing Group）
承 印 者：北京华联印刷有限公司
制　版：北京美光设计制版有限公司

开　本：720mm×960mm 1/16　印　张：18.5　字　数：61千字
版　次：2016年6月第1版　印　次：2025年4月第23次印刷
京权图字：01-2011-0957　审 图 号：GS（2021）5612号
书　号：ISBN 978-7-5086-6078-3
定　价：78.00 元

服务热线：010－84849555　服务传真：010－84849000
投稿邮箱：author@citicpub.com

伊奥尼亚群岛雪白的崖壁

穿越欧兰卡国家公园的约基河

埃特纳山的火山口正在喷发灼热的熔岩

Contents
目录

北极光把拉普兰的天空映照得五彩缤纷

科尔纳蒂群岛因迷人的海湾而声名远扬

Preface
前言

欧洲有着悠久的历史，这里孕育了西方文明。如今，它却必须面对如何保护自然这一燃眉之急。事实上，世界上的其他地区也面临着同样的问题。人类与自然的共存就像一部编年史，彼此之间不乏合作、影响、冲突和争议。人类活动永无休止，其结果立竿见影：在欧洲的最西部，几乎没有任何一个地方纯净到可称为“处女地”或仍然处于“原始状态”。

实际上，欧洲所有的自然环境（包括那些看起来很“天然”的地方）都已成为人类谋求发展的标的物，成为人类活动的中心。因此，在讲述那些依然呈现自然状态，或者拥有重要景观的地点时，如果我们想要准确无误地阐释这些地方的现状和将来可能的变化，就必须牢记人类活动影响这个大背景。

在欧洲，从最近一次冰期的末尾，即1万～2万年前，人类开始介入自然环境的改变，并且自中世纪开始，这种介入变得更加广泛，更加系统。在欧洲的广大地域，曾经覆盖有大片的原始森林，如今这些森林都已被毁坏，取而代之的是各种农场和城市。同时，很多湿地也变得干涸。在这场变动中，很多动物成了受害者，它们的数量急剧下降。在毫无节制的猎杀活动中，大型食肉动物和食草动物（前者通常被人类认为是危险的竞争者或容易捕捉的猎物，而后者则被看作食物来源）首当其冲，几乎消失殆尽。到了中世纪，熊只能在一些有森林保护并且难以通行的山里找到栖身之所。如今，只有在巴尔干半岛（Balkan Peninsula）的一些荒僻地带，才能看到棕熊的身影；而在其他地区，如意大利的阿布鲁佐区（Abruzzo）和奥地利，它们的数量少之又少。

而另外一种大型食肉动物——狼，在过去的几百年间也遭受到了同样的厄运。它们不停地受到迫害，如今只有少量残存于意大利南部、东欧和巴尔干地区。不过值得高兴的是，最近，这种动物又重新回到它们的领地，并且扩大地盘，从亚平宁山脉（Apennine Mountains）的中部一直到阿尔卑斯山脉（Alps Mountains），甚至扩大到了意大利边境地区。这一情况的发生主要是因为人们对乡村大片土地抛弃不用，使天然森林开始自行恢复。另外，也要归功于国际组织所付出的努力，一项重新引种计划使狼重新回到了自己的家园。海狸也是这项引种计划的受益者，如今在瑞士和德国的一些地方，人们都经常能发现它们的身影。另外，一种受威胁的猛禽——胡兀鹫，如今又在阿尔卑斯山南部的天空中翱翔。最近，动物学权威当局开始实施一项计划，准备驯养和繁育某些动物，把非原产的物种引种到非传统的栖息地上。另外，这个项目还促进了生态系统中的动植物平衡。目前，世界上，在任何大型的生境中几乎都找不到百分之百纯种的原产动植物了。除了动物之外，人类活动给欧洲的植被也带来了巨大影响。事实上，只有斯堪的纳维亚和俄罗斯两个地方的植被没有遭到严重破坏，相对原始自然。在西欧，残存的原始森林覆盖率为2%～3%；在俄罗斯，这个数字为5%～10%。欧洲的森林覆盖率占到了整个地球的20%～25%。当然，这也是因为我们把斯堪的纳维亚和俄罗斯广袤的针叶林、高加索山（Caucasus）的栗树林和地中海的软木林都包括了进去。值得注意的是，为了给造纸业提供纸浆，在很多地方白杨的单一种植非常盛行。因为阔叶树生长过快影响了木质密度，所以木材工业选择的对象中，针叶树种要远远优于本土的阔叶树。在白杨树林中，地表经常喷洒杀虫剂，这种做法给无脊椎动物带来了巨大的灾难。粮食作物的种植，也使林地的扩张成为不可能。如今只有在拥有植物“走廊”的地方还存在生物多样性，即使那些走廊非常狭窄。

欧洲最迷人的景点自然少不了海岸和岛屿。南部海岸的海水相对来说还比较清澈透明，不过有越来越多的地方，海水变得富营养化（季节性的缺氧），这些海岸长有典型的地中海灌木。正对着大西洋的海岸上，潮汐奋力地冲刷着无边无际的沙滩。海岛的孤立性会导致物种的快速消失和生态系统的普遍脆弱，不过，海岛上也不乏保存完好、原始纯朴的自然环境。

毫无疑问，欧洲另外一种显著的标志是山脉。因为山脉的阻隔作用，区域小气候和环境变得明显不同。与喜马拉雅山一样，阿尔卑斯山也是地壳构造板

温暖的阳光照耀在多洛米蒂山的雪峰之上

块相互碰撞的结果——非洲板块和亚欧板块相互碰撞使得中间的地层迅速抬升，形成了阿尔卑斯山。与阿尔卑斯山齐名的比利牛斯山（Pyrenees）共分为三个部分：大西洋比利牛斯山（西比利牛斯山）、中比利牛斯山和东比利牛斯山。其中，大西洋比利牛斯山最高，其海拔从东向西逐渐降低。在意大利半岛上，亚平宁山脉向南延展约1300千米。不论从自然环境还是野生生物的角度来看，亚平宁山脉都具有极为重要的地位，山脉里的很多地方拥有独特的环境并极富多样性。另外，汝拉山（Jura）、法国中央高原（Central Massif）、遥远的高加索山脉和乌拉尔山脉（Urals Mountains）同样非常重要，这些地方的很多动植物都是特有的。最后，不能不提的是欧洲的水道。凡是在水和陆地“亲密接触”的地方，或者在淡水和海水“联姻”的地方，大自然中的生物总能找到栖身之所。在一些大河的三角洲，例如多瑙河（Danube River）三角洲和波河（Po River）三角洲，就养育了无数的野生生物。卡马格（Camargue）宽广的海岸湿地也是野生生物的乐园。又比如在法国北部的索姆（Somme）河河口湾，巨大的潮汐缓慢却永不停歇地“呼吸着”，正是这无数次的“一呼一吸”才把它冲刷得那么广阔。

如果想要介绍欧洲最棒的自然景观，就一定要记录那些重要的生物群系和动植物种群，正是因为它们，欧洲不同的气候区才具有更加明显的特征。总的来说，从北方到南方，展现的就是一个生态渐进的过程：从苔原到泰加林，从树叶茂密的阔叶林到地中海灌丛，再靠南，就是荒漠地区了。苔原的特征是温度非常低，土壤非常贫瘠，植被零星，主要都是些抗风抗雪的地衣、草类和低矮紧凑的灌木类。苔原的原名“tundra”来源于萨米语（即拉普语）“tunturia”，意思是“无树平原”，它直白清晰地描绘出苔原上的情形。苔原上夏天极为短暂，冰雪的融化也非常有限，土壤基层仍然冰冻，因此，它们被称为永久冻土层（严格来说，是土壤多年冻结的亚表层）。当地的动物主要集中在夏天活动，植物也是在夏天最为茂盛。在这里，没有乔木，苔藓和地衣就是植物的代表。动物的繁殖周期很短，它们必须在寒冬到来之前繁殖，然后为漫长寒冷的冬天做好准备。在苔原生活的动物中，驯鹿最为常见；鸟类的代表则是松鸡，它们是长期生活在这里的为数不多的禽类之一。

继续向南，泰加林穿越了亚北极地区，这里比较潮湿，夏天也比苔原地区稍长一些，植被类型主要是针叶树。因为丰沛的降雨量和高湿度，森林的地表长满了杜鹃花科和苔藓类植物。这里是寒冷的大陆性气候，冬天寒冷漫长，夏天炎热短暂，植被与其他生物群系的植被颇为相似。另一方面，泰加林中生活着很多种动物，其中的大型哺乳动物有熊、驼鹿、驯鹿和狼。另外，还有大量的小型哺乳动物，如猞猁和貂等。在鸟类中，交喙鸟和星鸟类最为常见。而两栖类动物则主要是蛙类以及少数的蝾螈类。至于爬行动物，主要有蛇蜥、角蛇和毒蛇。到了温带森林，主要是常绿植物或落叶树。这种类型的森林广布在温带地区的潮湿区域，在那里，暖季和寒冬交替出现，一年四季都有降水。在寒冷季节里，森林光秃秃的一片，只是偶尔会有一些常绿树种打破这个局面。

自此而南是地中海灌木丛。灌木丛覆盖的地区已经靠近大陆南部的海洋，主要由适应炎热夏天的矮树丛组成，包括多叶、常绿阔叶、硬叶灌木以及小型常绿和硬叶乔木，气候和煦。这里冬季多雨，夏季干燥。阳光要想照射到地面，就必须透过浓密的树叶。因此，森林中草类的数量较少，地被植物的生长也比较缓慢。在高大浓密的灌木丛里，生活着一些夜行性动物，其中有狐狸、豪猪和鼬鼠。白天不经意间还可能碰到赫曼陆龟、游蛇、绿蜥蜴和其他蜥蜴类动物。森林中生活的候鸟和非候鸟数不胜数，如画眉、知更鸟、夜莺等。欧洲很少有沙漠分布，大体来说，它们面积都不太大，但遍布沙子和沙丘。再往内陆去，低矮的灌木变得越发高大。在那里，孤立的石松随处可见。

一条溪流在德国的巴伐利亚森林中流淌

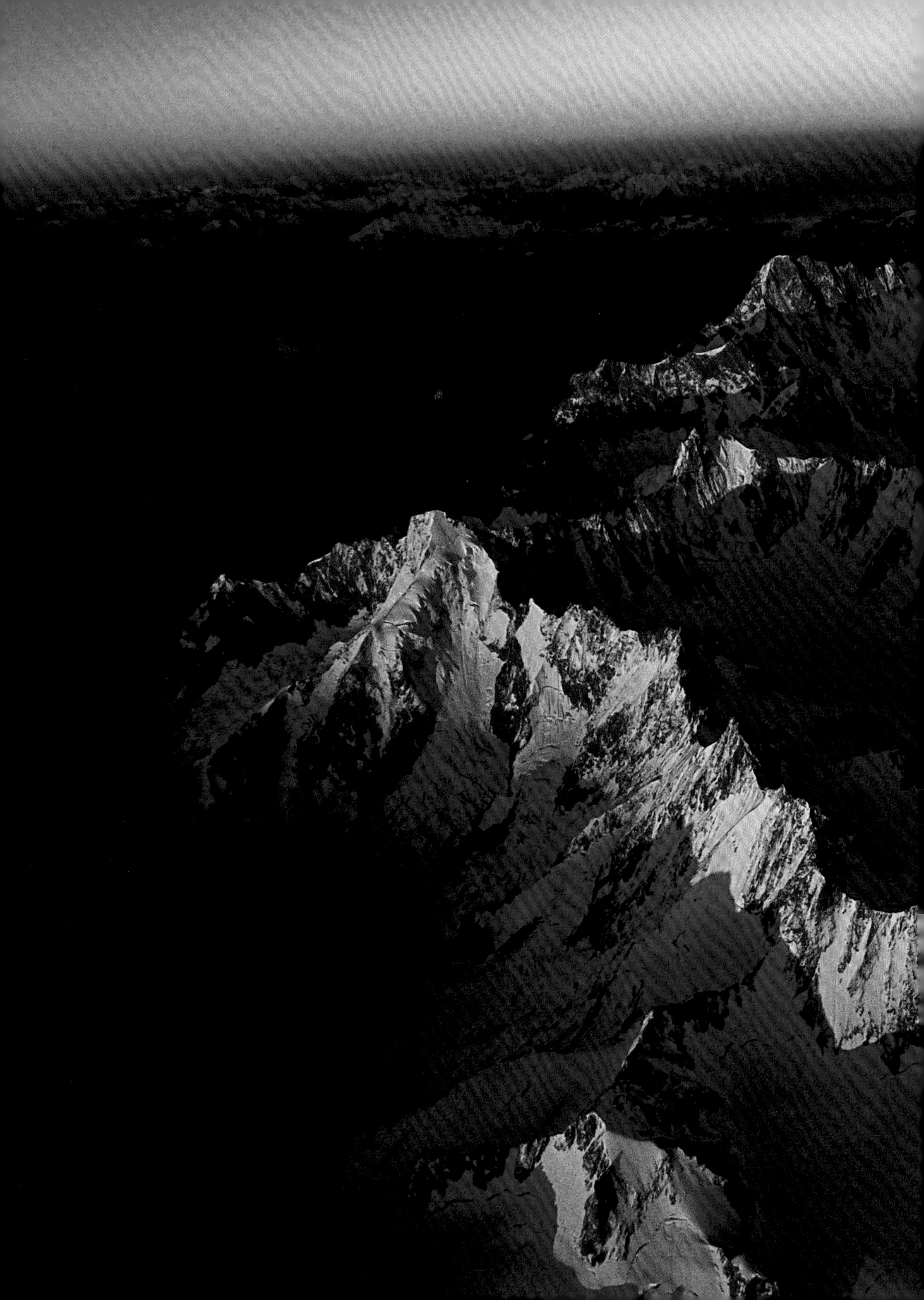

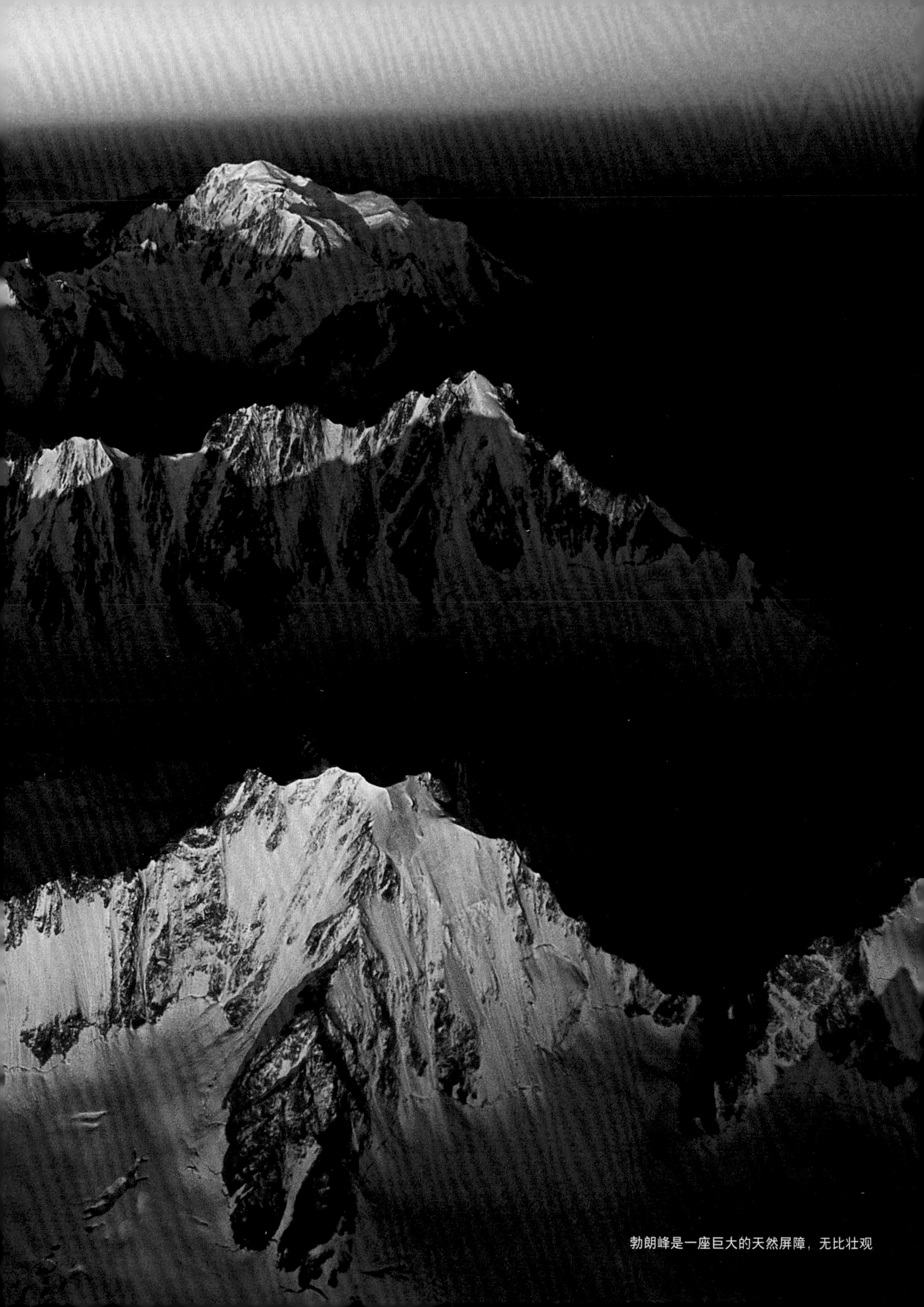

勃朗峰是一座巨大的天然屏障，无比壮观

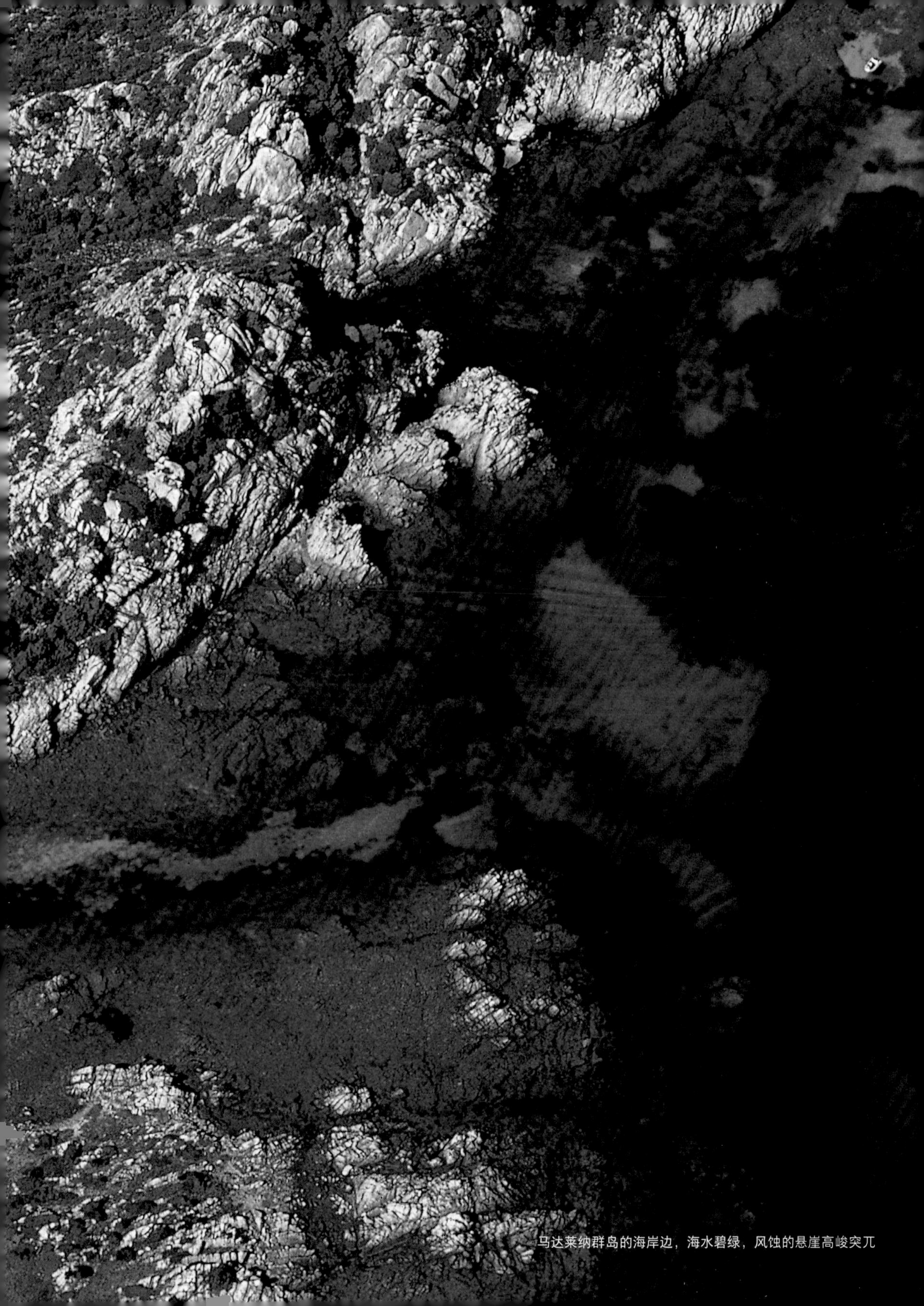

马达莱纳群岛的海岸边，海水碧绿，风蚀的悬崖高峻突兀

一群鹤正从比利牛斯山的雪峰上方飞过

01

冰岛

The Volcanic Island 火山之岛

冰岛，顾名思义是“冰的陆地”。它位于北纬63°～66°、西经13°～24°，距格陵兰岛260千米，距挪威997千米。在这片陆地上，冰川覆盖了15%～18%的面积，与火山交织成了冰与火共存的独特地貌。

瓦特纳冰原（Vatnajökull）是冰岛最著名，也是欧洲最大的冰川。它大约有8000平方千米的面积，拥有约3350立方千米的冰量，占据了整个冰岛面积的8%。阿尔卑斯山以及欧洲更南部一些山脉的冰川往往具有从冰谷里伸展出来的典型冰舌形态，而瓦特纳冰原却不同于此，它是一种冰帽冰川。这里的冰川就像一个巨大的盾，从山顶延伸下来。经过长年不断的融化、凝固、再融化、再凝固，冬雪变得致密而坚硬。但是，这一过程并非不可逆。在自身重力的作用下，积雪会向下滑动；随着夏天的到来，滑落到冰线下面的那些冰雪开始融化，重新变成液体。

瓦特纳冰原的平均厚度为600～800米，中间冰层最厚，可以达到1000米。瓦特纳峰拔地而起，高达2118米，成为冰岛的最高峰。瓦特纳冰原的冰帽里还藏着好几个活火山锥，这其中就包括格里姆火山（Grímsvötn），它最近的两次喷发分别发生在1996

由于冰岛完整的领地和丰富的海洋鱼类，无以计数的海鸟生活在这里。其中，大西洋海鹦最为常见，它们通常沿着海岸筑巢安家

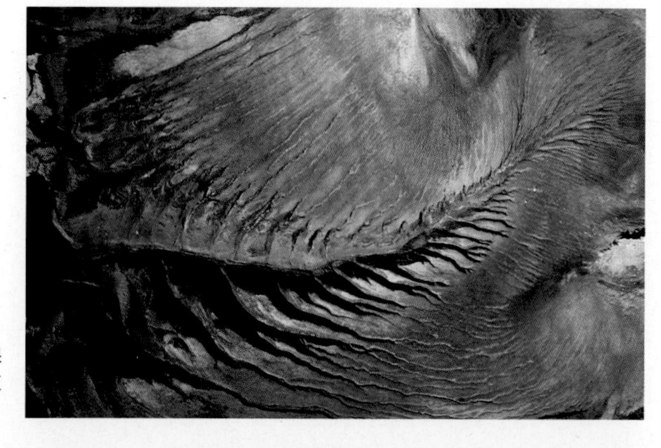

菲加拉巴克是冰岛最重要的自然保护区之一。崇山峻岭间河流纵横交错，湖泊点缀其间

冬天，冰岛的河水降到低水位；随着夏天的到来，雨水丰沛、冰川融化，河水则又上涨到了高水位，甚至是洪水警戒水位

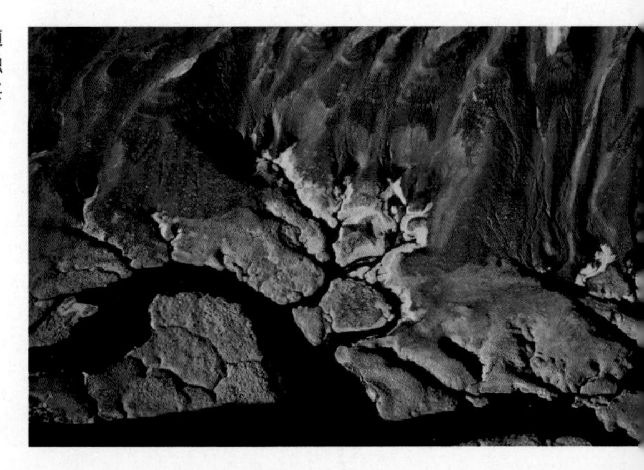

年和1998年。另外，延绵起伏的高原也构成了瓦特纳冰原的另一特色。高原海拔高度在600~1000米变化，其中布满了深深浅浅的山谷。数条冰舌从冰川散开，伸向大海。

除了壮观的瓦特纳冰原之外，冰岛还有很多其他的自然风光，其中最迷人的景色之一便是菲加拉巴克自然保护区（Fjallabak Reserve）。它一望无垠，面积达47 000公顷，有着山石的筋骨、火山和地热雕琢的容颜。它以岩浆和砂砾为肌，以河流为脉，湖泊星罗棋布，点缀其间……这一切的特性都在诉说着它的古朴和自然。菲加拉巴克自然保护区是仅次于格里姆的第二大地热区，活跃的地热活动造就了它丰富多变的地貌特征。如果只用一个词语来形容菲加拉巴克自然保护区的特点，那就是“宁静”。这是一个充满魅力的地方，每年都有成千上万的游客争相前来一睹她的芳容。

托尔法冰盖（Torfajökull）（也称为兰德马纳温泉，Landmannalaugar），可以称得上是冰岛的另一处稀世美景。在这里，破火山口的地热活动和温泉向世人展示了冰岛的火山史。此外，红、黄、蓝、绿等各种颜色的矿石更为这里平添了几许亮色。

频繁的火山活动、地壳变动造就了年轻的冰岛，也注定了它要遭遇周期性的地震。由于火山喷发，冰岛荒芜贫瘠，几乎没有树木生长的现象也就不足为奇了

兰德马纳温泉是冰岛的一处稀世美景：火山流纹岩形成了一座座粉棕色山脉，周围则分布着熔岩流、温泉和热水池

研究人员对冰岛冰川进行了地层学分析，搜集到了大量关于这片土地不断演化的信息

瓦特纳冰原位于冰岛南部，是欧洲最大的冰川。在这里，冰山崩塌的壮阔场面时常上演，剥落的冰块漂浮在海面上，对于小型船只来说，无疑是巨大的威胁

格里姆火山常年活跃，最具破坏力的两次喷发分别发生在1996年和1998年

02

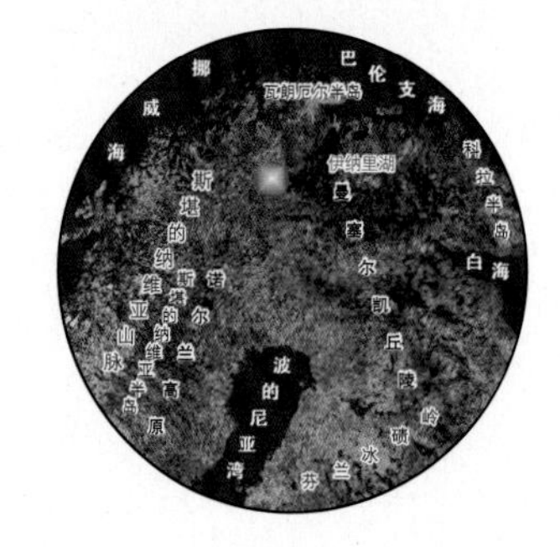

阿比斯库国家公园坐落于托尔讷区，建立于1909年。由于地理位置优越，公园气候温和干燥，拥有极为丰富的植物种类，特别是这里还生长着一些极为罕见的树种

瑞典

Lapland
拉普兰

对于欧洲的其他地方来说，冰河时代早已成为一万多年前的记忆。而在今天的拉普兰，“冰河世纪”仍在上演。在北欧的这片土地上，冰雪和严寒深刻地影响着当地人的文化和生活习惯。要知道，拉普兰并不是一个国家，而是一个地理区域。它面积辽阔，包括挪威、瑞典、芬兰和俄罗斯的各一部分，向北一直延伸到北极圈内。不过，更多的时候它指的是拉普这个民族。

在拉普兰地区，瑞典的拉普兰是知名度最高、最受欢迎的，而且它在很大程度上代表了拉普兰其他地区的自然风光和文化传统。这里除了正规的苔原，就是瑞典语所说的“fjäll”，意为“无树山丘”（与英国英格兰湖区的“fells”相当）。它们给人带来前所未有的视觉冲击。无树山丘由一些高度很少超过2000米的圆形山组成。其实按术语的严格意义说，瑞典拉普兰很少有永久冻土层和苔原，亚北极类型的植物却随处可见。

拉普兰的林线一般在750～900米，比欧洲南部要低许多。植物种类和数量的变化取决于土壤的质地。在酸性和砂质土壤上，植物稀少而单一；而有泥质沉积的土地上则草木茂盛。地衣在这里生长得十分

在拉普兰这片土地上，无数的河流汇聚成星罗棋布的湖泊，如托尔讷湖

拉普兰美景

这里的大部分土地上都生长着针叶林和桦树林，其间生活着无数的动物

茂盛，以它为食的驯鹿群在这里的动物区系中扮演着至关重要的角色。千百年来，驯鹿一直都是亚北极地区人们财富和食物的来源。当地居民对它的利用方式多种多样：吃鹿肉、挤鹿奶、制鹿皮，甚至把它当作驮畜和坐骑。

夏天来临时，这片土地上的动物变得活跃起来。鸟儿倾巢而出，蔚为壮观；罕见的大型哺乳动物，如驯鹿及其主要的捕食者棕熊和狼獾开始活动；驼鹿的活动范围最高可达林线；沼泽地中的昆虫抓紧机会繁衍后代；蚊子和沙蝇多到令人头疼。

拉普兰的天气变幻莫测，你可能会在一天之内经历三个季节。而且夏天酷暑的威力丝毫不亚于严冬。更有拉普兰特色的是，这里的极昼能持续一百多天，沐浴午夜不落的太阳是终生难忘的奇妙经历！

一只小驼鹿在泰加林中悠闲漫步。这种北方的大型有蹄类动物终于在拉普兰找到了自己的生存空间

提到拉普兰，就不能不提到驯鹿。随着季节的变化，这种半家养的动物也在变换着饮食习惯和生活场所：春夏时，它们出没在沼泽地，以水生植物和沼生植物为食；到了冬天，则主要啃食地衣

拉帕河三角洲位于萨勒克国家公园内。在这片广大的保护区周围，有长年覆盖着冰川的高山直入云霄

除了苔原外，拉普兰的特色景观就要属一系列的山丘了。这些圆形的山峰通常都不是很高，很少有超过2000米的

只有到了秋冬时节，苔原的下层土壤才会处于持续冰冻的状态

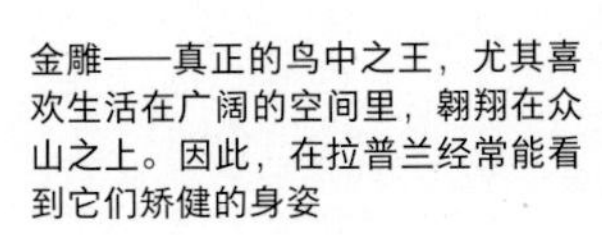

金雕——真正的鸟中之王，尤其喜欢生活在广阔的空间里，翱翔在众山之上。因此，在拉普兰经常能看到它们矫健的身姿

太阳风被地球磁场拦截，从而导致地球积累的电荷越来越大，当到达一定程度时，这些带电粒子便会向大气层放电，北极光现象便产生了

北极光是一种光学现象——夜空中出现彩光，有时还会伴随着轻柔的声响

03

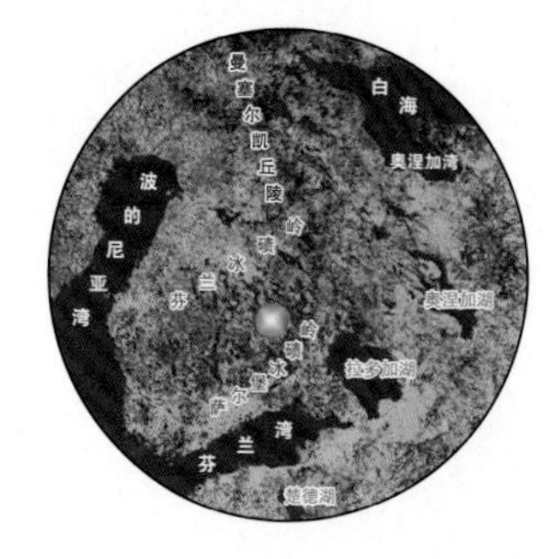

芬兰

The Region of the Thousand Lakes
千湖之国

芬兰，素以优美而独特的自然地貌著称。沼泽、湖泊、水塘占据了她国土面积的1/3，这个比例要远远高于欧洲其他国家。在芬兰，很大一部分的湿地都被森林覆盖，这些森林中有一半被开垦、砍伐。另外，丰富的沼生植物种类也反映出这里湿地的面积之广。

芬兰的湖泊经过普查，数量多达190 000个！这也就无怪乎在一些地方几乎处处都可以看得到湖泊水塘，难怪它有“千湖之国”的美称。例如，著名的塞马湖（Lake Saimaa）的故乡米凯利（Mikkeli），就是安静祥和的天堂：当你徜徉在湖岸和周围的小村庄时，宁静到只能听见风的呢喃和湖水的浅吟。作为欧洲第六大湖的塞马湖，包含了18个湖盆，环绕出1000多个小岛。湖区生活着一种海豹的亚种，这种当地特有的物种是地球上最濒危的动物之一。以前，这种海豹数以万计，现在却濒临灭绝。这种典型的海洋哺乳动物为什么会出现在淡水中呢？因为在很久以前，塞马湖和波罗的海是相连的，随着海平面的降低，这两个水域就被隔断，塞马湖也随之独立了出来，这里的海豹也跟着发生变异而有别于海洋里的

从科利山的顶峰，你可以尽情欣赏皮耶利宁湖的美景。它是武奥克西河不可或缺的一部分，这条长长的河流是运输木材的重要通道

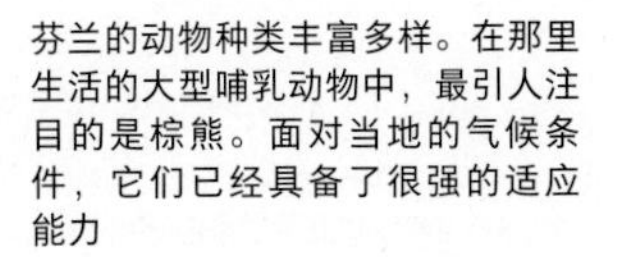

芬兰的动物种类丰富多样。在那里生活的大型哺乳动物中，最引人注目的是棕熊。面对当地的气候条件，它们已经具备了很强的适应能力

塞马湖占据了芬兰东南部的大部分面积，湖中满是各种不同形状和面积的小岛，组合成水和岛的迷宫

在最近的一次冰期，气温回升，芬兰大地上厚厚的冰层完全消融瓦解，于是才有了今天的塞马湖

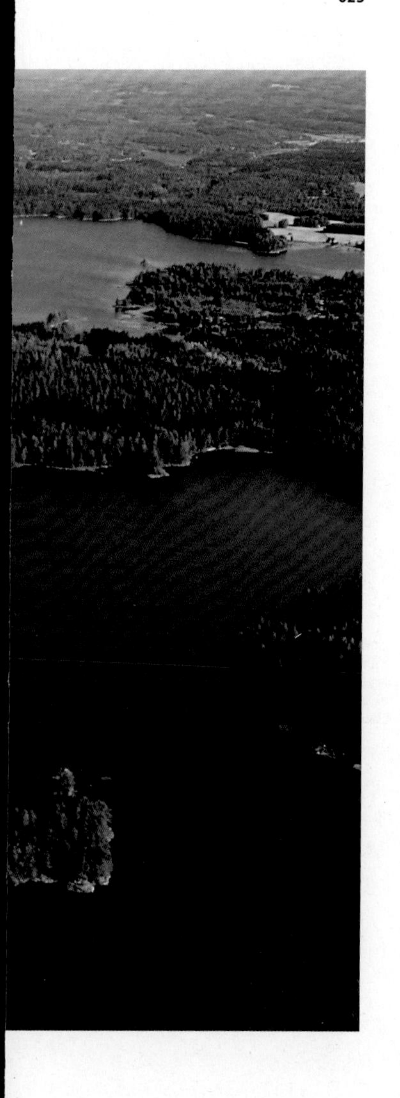

海豹。

到19世纪末，环境污染使这种生物险遭灭绝。幸亏得到及时保护，它的数量才又逐渐增多。然而，近几年的暖冬气候再次对现存海豹的生存构成了威胁：由于少雪，为数不多的母海豹无法在雪堆中挖洞筑穴，小海豹们就失去了保护，完全暴露在天敌的面前。由于最近采取了一些有远见的保护措施，海豹的繁殖环境和安全状况有望得到改善，小海豹的生存概率也能相应提高。作为罕见的湖泊海豹的一种，这种生物目前的数量仅有250只，它仍被认为是欧洲最濒危的动物之一。

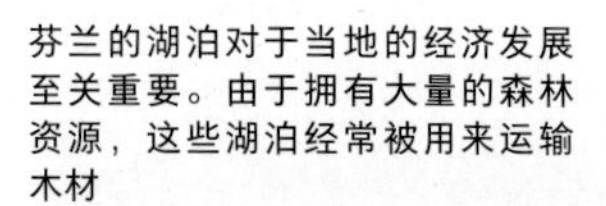

芬兰的湖泊对于当地的经济发展至关重要。由于拥有大量的森林资源，这些湖泊经常被用来运输木材

芬兰的植物多为湿地植物，由此可
见其湿地资源颇为丰富

04

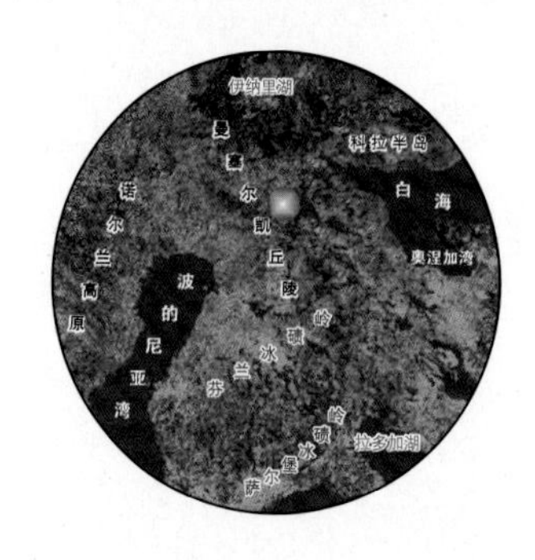

驯鹿在芬兰经济中扮演着重要的角色

芬兰

Oulanka National Park
欧兰卡国家公园

欧兰卡国家公园坐落于芬兰东北部库萨莫（Kuusamo）和萨拉（Salla）之间的山丘地带，总面积约35 600公顷，极具北欧自然风情。与同类公园相比，欧兰卡因独特的风景和植被类型而与众不同。在芬兰，欧兰卡国家公园可能是最著名的保护区了。

赋予这个地区名字的是一条叫作“欧兰卡”的河流。和众多支流一起，欧兰卡河穿越了整个公园。途经峡谷和岩壁时，湍急的流水翻滚激荡，很是壮观。

在欧兰卡国家公园里，有很多地名都起源于拉普语，它们似乎在提醒着世人不要忘记这种古老的语言。如“欧兰卡（Oulanka）”一词，意为“洪水”。如同名字一样，每年春天，欧兰卡河的河水都会漫过两岸，湍流也会变得更加激烈。

公园里的植物资源异常丰富。迄今为止，仅发现的维管植物（用导管输送水分的植物）就有大约500种，而且有很多种都非常罕见。这主要得益于公园所处的地理位置。因地形复杂多变、小气候多种多样，很多通常不在同一区域的物种在这里相遇并共同生活。这里肥沃的土壤孕育了公园里郁郁葱葱的植被，漫步其中，各种不同的植物类群尽在眼底：满是

秋天到了，树林里叠翠流金、层林尽染，在芬兰语中，这样的美景被称为“ruska”

淙淙的流水引领着游人穿越针叶林和桦树林

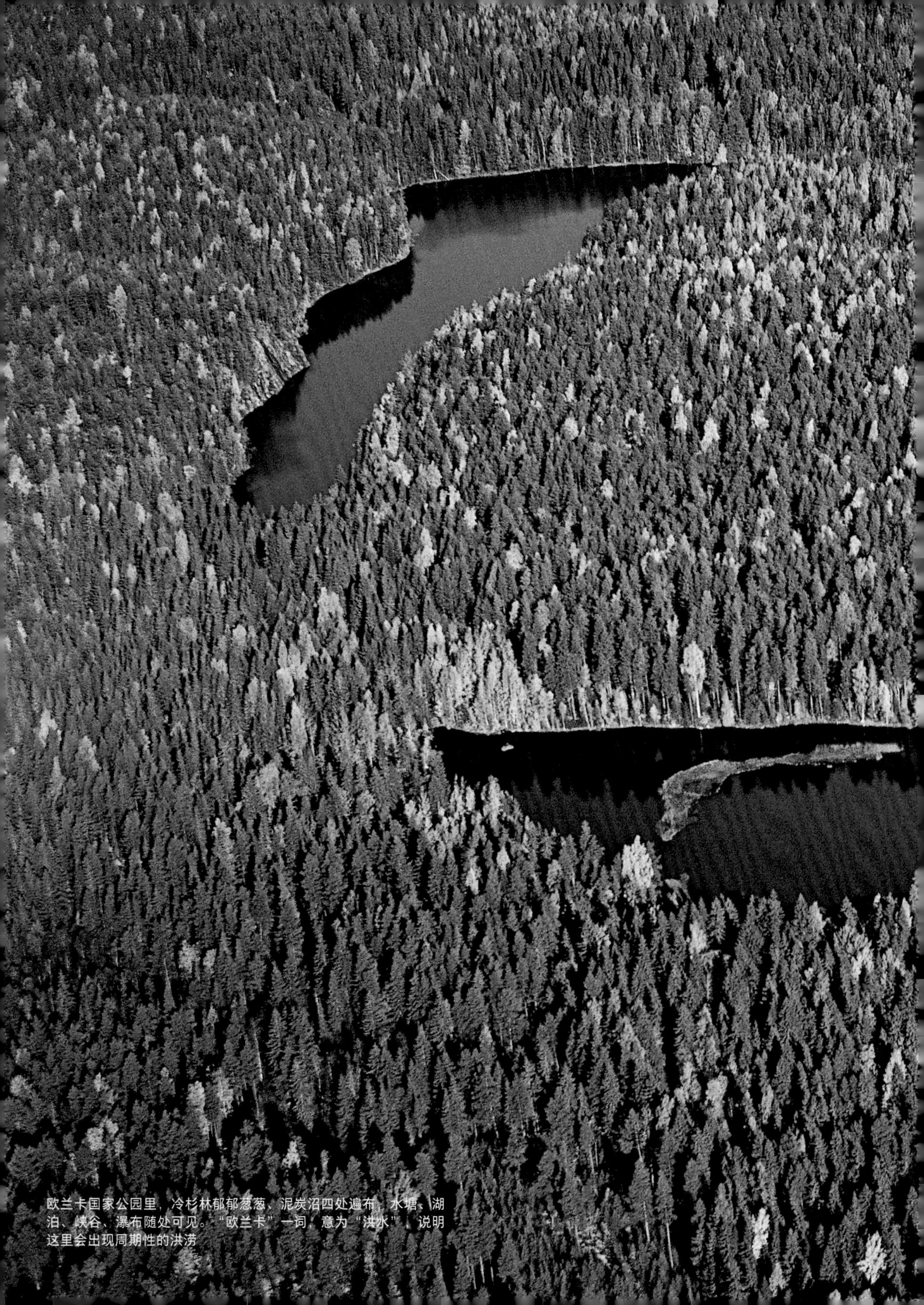

欧兰卡国家公园里，冷杉林郁郁葱葱、泥炭沼四处遍布，水塘、湖泊、峡谷、瀑布随处可见。“欧兰卡”一词，意为“洪水”，说明这里会出现周期性的洪涝

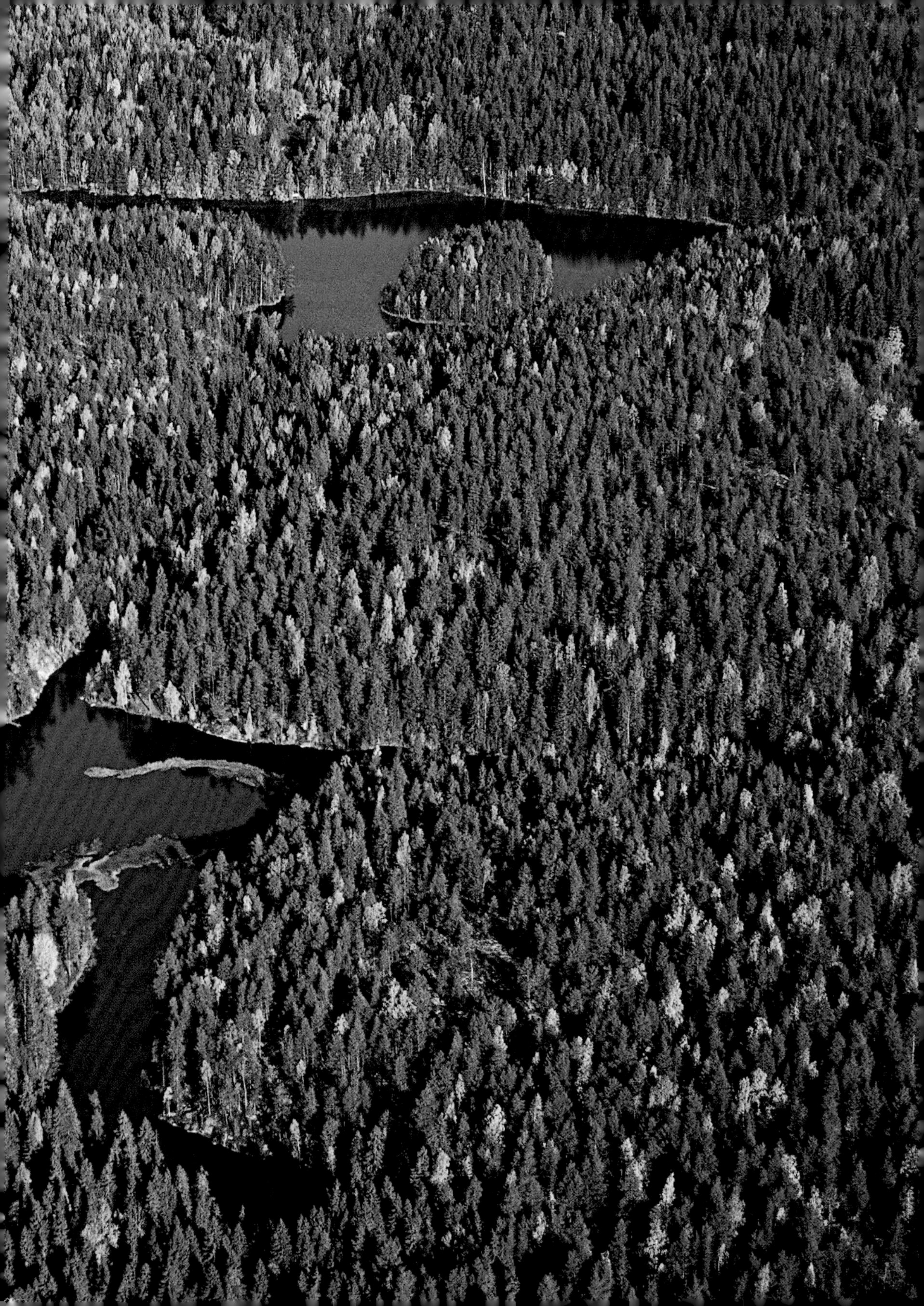

驼鹿，与驯鹿一样属于有蹄类动物。它们能够很好地利用丰富的食物和无限的空间

苔藓的地表上，冷杉林拔地而起；沙地和旱地则生长着松树林；堆积着岩石的山谷和山丘上长满了茂密的森林；另外还有混交林和各种各样的沼泽地。在这个植物王国中，最美丽的精灵要数几种罕见的兰花了，如深红火烧兰、布袋兰，它们也分别被称为仙履兰、拖鞋兰。植物资源的丰富也就意味着公园里有许多种动物。河床和河滩上，飞舞着无数种稀有的蝴蝶及100多种鸟类。在欧兰卡，无论是起源于北方的、南方的，甚至南北杂交的，抑或是一些来自东方的动物（欧兰卡国家公园是东方物种所能生活的最西极限）都在一起生活成长。此外，自末次冰期以来，对于那些企图扩张分布区的东方物种来说，想要进入芬兰，欧兰卡河河谷是一个至关重要的路径。

在欧兰卡的泰加林，有几种不同的生态系统，其中最有特点的便是泥炭沼。它对很多动物，尤其是水鸟有着极其重要的意义

无论从异常丰富的景观，还是从土壤和植被类型上来讲，欧兰卡国家公园都堪称独一无二。冬天里，千里冰封，针叶林一片银装素裹，宛如童话仙境

05

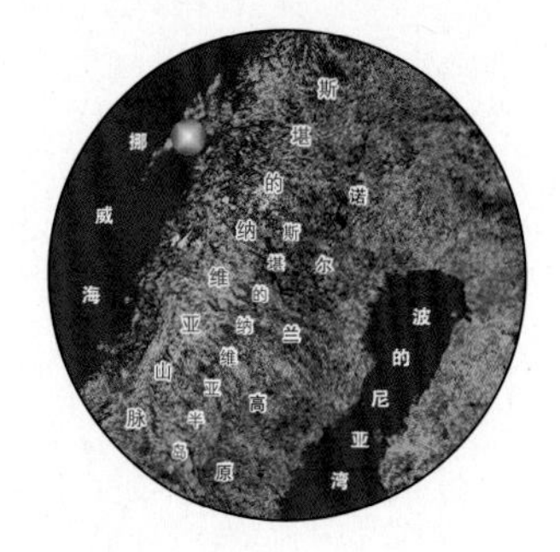

挪威

The Lofoten Islands
罗弗敦群岛

罗弗敦群岛地处挪威境内，位于北纬70°，距离北极圈（北纬66°30′）非常近。群岛的总面积约为1227平方千米，海岸线至少有6400千米长。居民大约有24 500人，他们主要以捕捞鳕鱼为生。不过，这个数字会随着季节的变化而变化。其中，从2月到4月，也就是鳕鱼捕捞最繁忙的季节，岛民的数量会翻番。

加里东构造期间（约4亿年前），地壳褶皱变形，罗弗敦群岛正是在那时形成的。花岗岩和片麻岩层层堆叠，远远望去，群岛就像牢牢浇铸在大海里的阿尔卑斯山脉。这里处于高纬度地区，而且群岛的大部分地表都裸露荒芜，但夏天却相当温和。夏天的到来会让人觉得自己仿佛游历在暮春时分的欧洲地中海国家。群岛的冬天虽然寒冷，却不至于让人无法忍受，这都要感谢墨西哥湾流。一些岛屿上的大冰川滑落到海里，雕凿出宽阔的冰川峡谷。不过，有一些岛屿却从来没有被冰川覆盖过，岛上至今还生长着很多孑遗植物。

毫无疑问，对于罗弗敦群岛的岛民来说，海洋是他们最主要的经济来源。一直以来，整个地区的经济发展都依赖于鳕鱼的捕捞和加工。这里的渔业之所以能带来如此丰厚的收益，是因为罗弗敦群岛的地理

罗弗敦群岛从海洋中拔地而起，约有几百英尺高，群岛上险峰突兀、深谷纵横

鸟类是罗弗敦群岛自然环境的最大受益者，迄今为止已被鉴定的鸟类就达100多种，其中不仅有猛禽，也有各种海鸟，如三趾鸥，它们通常在高耸的悬崖上筑巢安家

山脚的狭小绿色地面上，分布着一些色彩缤纷的房屋，是坚韧不拔的渔民们的家园

冬天里的罗弗敦群岛格外迷人。无论是自然爱好者，还是喜欢北极漫漫长夜的探索者，都能在这里找到属于他们自己的天堂

位置正是冰冷的北极寒流与南方的暖流交汇之处。对于很多海洋鱼类来讲，这里是它们洄游的必经之路。

罗弗敦群岛的动物种类丰富，数量繁多。任何一个自然爱好者来到这里，都会被强大的海鸟阵势所震撼，满目皆见“鸟头攒动”，充耳可闻“鸟声鼎沸”。海鸟们喜欢在高大陡峭的悬崖上筑巢安家。在这里，最常见的是大西洋海雀、三趾鸥、塘鹅和支管鼻鹱。不幸的是，由于人类的影响，有些鸟儿已经消失不见。例如，一种类似于南半球企鹅的大海雀，在19世纪就已经在北大西洋地区灭绝。

以前，人们经常大规模地掠夺鸟蛋，几乎所有的鸟蛋都不放过。抢来的鸟蛋有一些被马上吃掉，而有一些则储藏在干沙里，为冬天的到来做准备。现如今，人们对这一行为严加管理，对获取鸟蛋的数量做了严格限制，绝对不能影响到鸟类的繁殖周期和海鸟的数量。

罗弗敦群岛上曾经生活有大量的熊。但由于遭到猎杀，这些熊都已经消失得无影无踪。其他一些大型哺乳动物，如驼鹿，则在一些面积稍大的岛屿上生存了下来。海洋哺乳动物主要有海豹和至少有6种鲸。它们能在这里找到拥有充足食物的海湾，无数的甲壳类动物，如磷虾是它们的美食，也是它们营养物质的主要来源。

群岛的主要经济来源有两方面：鳕鱼捕捞以及旅游。其中，鳕鱼的生长期直接影响着罗弗敦群岛的生活节奏

受墨西哥湾流的影响，即使在冬天，罗弗敦群岛周围的海水也从不结冰。海水养育了好几种鱼类。为了这些美味大餐，每年的10月至12月，无数鲸群会不远千里来到这里

冰川一次次地雕凿着山脉，最终形成了峡湾。挪威的峡湾堪称世界上最著名的自然奇观

06

春花白头翁是多夫勒山国家公园的“名片花”

挪威

Dovrefjell National Park 多夫勒山国家公园

多夫勒山国家公园位于挪威中南部。漫步在公园里，你会发现原来北欧西部的风景也可以如此的温润。公园里，最让人惊叹的山峰要数西部的大卡尔肯山（Storkalken）、大斯克吕姆滕山（Storskrymten）和更靠东边的斯讷山（Snøhetta）。如果想从最全面的角度观察多夫勒山国家公园最壮观的景象，孙达尔山（Sunndalsfjella）和克努茨山（Knutshøene）之间的地理位置无疑是最佳的选择。

公园的地质景观多种多样，西部是裸露的结晶岩石，东部堆满了石灰岩，上面还生长着郁郁葱葱的植物。在公园的所有景点中，克努茨山和阿莫坦瀑布（Åmotan Falls）最为迷人。其中，阿莫坦瀑布是由5条河流汇流而成的。

目前，多夫勒山地区被划分成了两个公园：创建于2003年的多夫勒国家公园和多夫勒山-孙达尔山国家公园。这里拥有非常独特的北方山地生态系统，这种生态系统为挪威所特有，幸运的是，它几乎没有受到人类活动的影响，至今仍然完好无损。

在多夫勒山-孙达尔山国家公园里，环境复杂多变：既有丰饶的湿地和植物茂密的泥炭沼，也有光秃

在挪威，多夫勒山是唯一没有被人类活动所破坏的苔原区，这里大部分的沼泽谷和桦树林都保存完好

多夫勒山的自然环境尚未被污染，因此有许多动物生活在这里，如驯鹿、狼獾、北极狼、鹰和麝牛等。其中，麝牛于20世纪纪初被引进，已经能很好地适应当地环境

奔腾的河流经常能形成瀑布，向人们展示着大自然强大的原始力量

秃的小山丘。另外，这里还生活有很多从冰期幸存下来的珍稀植物。难怪200多年来，富有激情的环保主义者和植物学家都不远万里来到这片土地，探索这里异常丰富的动植物资源。

公园里生活有很多具有北方特色的动物，如驯鹿、狼獾、北极狼、金雕等等，但“荣誉贵宾”的称号毫无疑问应该颁发给麝牛。大约在40年前，这种大型食草类动物才从冰岛（麝牛的原产地）引进。如今，它们却成为多夫勒山地区的特有动物。根据最近的一次调查，多夫勒山国家公园里共有108只麝牛。目前，全世界只有极少数的地方才能发现麝牛的踪影。另外，多夫勒山国家公园还有4500只驯鹿。而仅仅100年前，因为遭到大量猎杀，驯鹿还处于濒临灭绝的险境。

一波未平，一波又起。即使多夫勒山-孙达尔山国家公园仍保留有几片处女地，即使那里的山地生态系统仍未被污染，不幸的事情还是发生了。现代人类活动已经波及多夫勒山国家公园，并且破坏了当地山地生态系统的原始平衡。近年来，公路、铁路、电厂以及其他一些干扰因素相继威胁着这里的动物。以往，它们每年都会迁徙到植被稀少的山地里。而如今，这样的迁徙活动却遭到了严重的阻碍和耽搁。一旦迁徙路线被阻断，驯鹿将再一次陷入险境之中。

松鸡是多夫勒山典型的鸟类。夏天时，松鸡的羽毛呈棕色并具有灰色的斑点，胸羽及双翅为白色

07

英国

Cairngorms National Park
凯恩戈姆国家公园

凯恩戈姆山位于苏格兰的中东部，是英国最大山地的核心地带。这里的山峰展现出一派北极景色。苏格兰一些最湍急的河流就奔腾于凯恩戈姆山间。与苏格兰的其他地方相比，凯恩戈姆山的地貌特征异乎寻常。这里有大片的花岗岩、冰碛石、深不可测的山谷和其他地方很难看到的湖泊类型。不过，在加拿大北极圈内的巴芬岛（Baffin Island）上，倒也有相类似的景象。

本麦克杜伊山（Ben Macdui）是凯恩戈姆山脉的最高峰，海拔1310米。另外有3座山峰的海拔也都超过了900米，它们分别是布雷里厄赫山（Braeriach，1295米）、凯恩图尔山（Cairn Toul，1258米）和凯恩戈姆山（Cairngorms，1245米）。在冰川的影响下，这片土地发生了神奇的变化：山峰被夷为平地；一座座高原相继隆起；到处都是深陷的洼地[如埃文（Avon）湖和迪（Dee）湖]。由于小气候特殊，凯恩戈姆山上的积雪终年不化，因此，动植物必须学会在极端的气候下生存，这里的很多植物、鸟类和昆虫都具有典型的北极特征。幸运的是，凯恩戈姆山至今仍保持着原始纯朴的环境，它是英国，甚至是整个西欧都难得一见的处女

在凯恩戈姆山的外围能见到很多梅花鹿，它们是由人工引进的。由于这些梅花鹿很容易和马鹿杂交，就产生了一个问题——马鹿的种群不那么纯了

英国面积最大的苔原分布在凯恩戈姆高地

秋天的凯恩戈姆公园，涂抹着北欧的颜色，飘散着北欧的气息。荒野无边无际，雾霭缭绕不绝，公园的容貌在雾色里若隐若现

地，而这里也被称为“英国的北极”。

花岗岩是凯恩戈姆山最常见的岩石，花岗岩的风化崩裂产生了浅薄的土层。一般来讲，这些土壤都非常贫瘠，根本不适合耕种农作物或者发展传统的绵羊养殖业。因此，这里也从没有出现过大型的居民区。

在过去，苏格兰的绝大部分地区都覆盖着森林，而如今，只有西部的森林幸存了下来。这些古老的针叶林呈片状分布在一些低海拔的山坡上，它们被称为喀里多尼亚松林（Caledonian forest，喀里多尼

亚为苏格兰古称）。即便如此，我们还是能依稀感受到这片土地上曾经的郁郁葱葱。这些山林对于生活在其中的动物（如红松鼠、野猫和貂鼠等）来说相当重要，这里是它们的天然栖息地。金雕经常在老树上或陡峭的悬崖上筑巢搭窝，悬崖的下面是山谷和泥炭沼。在古老的森林深处，隐藏着具有典型苏格兰特征的湖泊。这些湖泊由极其清澈的河流汇聚而成，一条条河流冰清玉洁，滋养着这里的万物生灵。

苏格兰1/4的林地都集中在凯恩戈姆公园内，这里生活着很多种稀有的动植物。多条河流流经公园，河水晶莹清澈，经常被用来制作上等的威士忌。另外，河里还生活有很多大马哈鱼

在凯恩戈姆山，泥炭沼形成了水生生态系统，其中有一些已经恢复到了典型的自然状态

莫利赫湖坐落于凯恩戈姆山脚下。在这里，你可以尽情地享受多种水上运动，因此，莫利赫湖深受游人的喜爱

08

湖区国家公园的地貌多种多样：荒原、林地、绿色的山谷交替出现，似乎在传递着“景观”这个接力棒

英国

The Lake District National Park
湖区国家公园

无论对当地居民还是外国游客来说，英国湖区都是最受喜爱的旅游休闲地之一。夏秋之际，湖区就像是一幅天然绝美的风景画：山脉轮廓清晰可见，橡树林慢慢褪绿变红，第一条雪线初露头角……正是这迷人的湖光山色，把英格兰西北部的这块土地打造成了最美丽的国家公园。值得我们铭记的是，在湖区国家公园建立之初，一位当地居民比阿特丽克斯·波特（Beatrix Potter，著名的儿童文学作家），把她广阔的农田捐献给了国民托管组织（National Trust），促进了公园的建设和发展。

在英国所有的国家公园中，湖区国家公园的面积最大。据记载，每年都有约1200万游客慕名前来，他们无一不被湖泊（大大小小共有16个）的美妙景色所倾倒。从湖盆的形状看，这些湖泊都形成于冰期。冰川凭借着巨大的力量雕刻出河床，同时冰碛石大片大片地沉积下来。

湖区不仅仅以自然景色闻名于世，“天人合一”才是它最大的特色。一方面，这里的“和谐”浑然天成，很难找到合适的语言来形容这种感觉：草地的葱绿、湖水的碧蓝、山脉的灰色调……一切都显得

温德米尔湖坐落于公园南部，约16千米长

瑟尔米尔湖的形成源于一座大坝的修建

凯西克镇坐落于德文特湖岸边

如此浪漫而惬意；而另一方面，几千年来，人类活动深刻地影响着当地的地貌景观。湖泊、农田、森林、牧场不仅赋予了每个流域独特的外在容貌，也赋予了其独特的内在文化。半自然状态的森林，不仅是当地动植物的家园，还为湖区增添了更为迷人的图案和色彩。由于雨水丰沛，湖区公园的中心地带满是茂密的森林，林下长满了大西洋的苔藓、蕨类和地衣。

英格兰最高的山峰（仅有7座山峰海拔超过900米）都耸立在湖区境内，这里生活有很多山地生态系统特有的鸟类。春天时，无以计数的候鸟到达湖区，在接下来的一整年中，你都能看到在此筑巢的鸟儿，其中有乌鸦、小嘴鸦、秃鹰、游隼、金雕等等。在春天能遇见的众多候鸟当中，斑鹟最为吸引人，它们是从遥远的非洲和印度飞到欧洲的。最近，鱼鹰也重新返回到湖区，春秋季节最为常见，它们来往于繁育地和过冬地之间，不知疲倦。在低海拔地区，橡树林漫无边际。

湖区国家公园在坎布里亚郡，位于普雷斯顿和卡莱尔之间，坎布里亚山脉和爱尔兰海之间

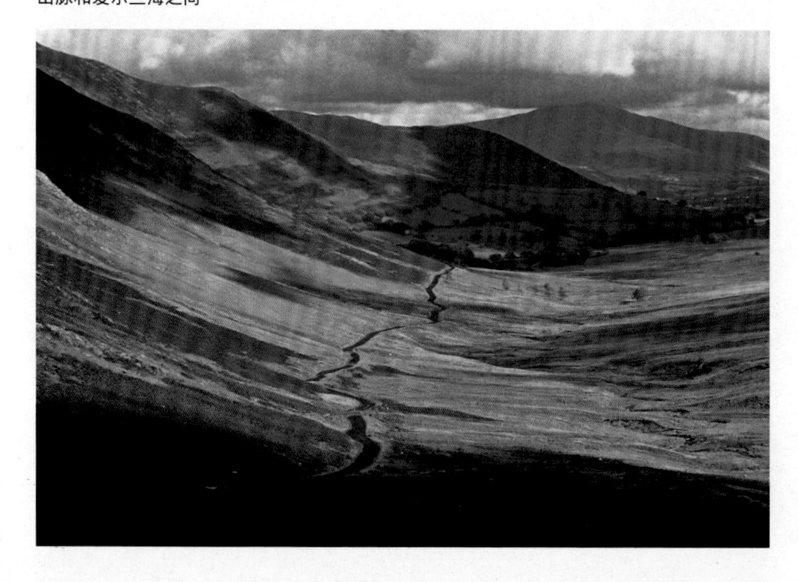

德文特河穿过博罗代尔河谷，最终流向德文特湖。湖中有4座小岛，目前归国民托管组织所有

直到最近，瑟尔米尔湖才向游人开放。湖边是赫尔韦林山，缓坡上长满了茂密的落叶松林和冷杉林

09

伊尼希尔岛上的典型的石墙网。多少世纪以来，这种设施都是保护岛上土壤成为农田的唯一办法。庄稼也借此免受猛烈海风的侵害

爱尔兰

The Aran Islands
阿伦群岛

当今世界，只有极少数地方的人们会讲盖尔语（Gaelic，一种古老的语言，属于凯尔特语族），阿伦群岛便是其中之一。群岛位于爱尔兰戈尔韦市和戈尔韦湾（Galway）以西的大西洋中。长期的与世隔绝，使它比其他任何地方都能够更好地保存古老的爱尔兰文化。

阿伦群岛由三个小岛组成，分别是：伊尼什莫尔岛（Inishmore）、伊尼什曼岛（Inishmaan）和伊尼希尔岛（Inisheer）。小岛上处处渗透着古代遗留下来的凯尔特文明和基督文明。在这三座岛屿上，至少有10座基督修道院，另外还有很多堡垒和教堂，它们全都分散在纵横交错的石墙内。这些石墙修建于几千年前，足有好几千米长，当时主要是用来划清牧场和田地的界限，不过，最重要的还是为了保护珍贵的土壤，防止水土流失。

海洋对于这些小岛起着至关重要的作用。它造就了岛民强健的体魄，打造了岛屿独特的传统文化。阿伦人自制的小船（用柔软的枝条做框架，上面盖满了涂抹焦油的帆布）不仅可以载着他们在大海里捕鱼，还可以运输岛屿之间的土壤。面对危险的大海，小船是他们勇往直前的必需工具。在三个

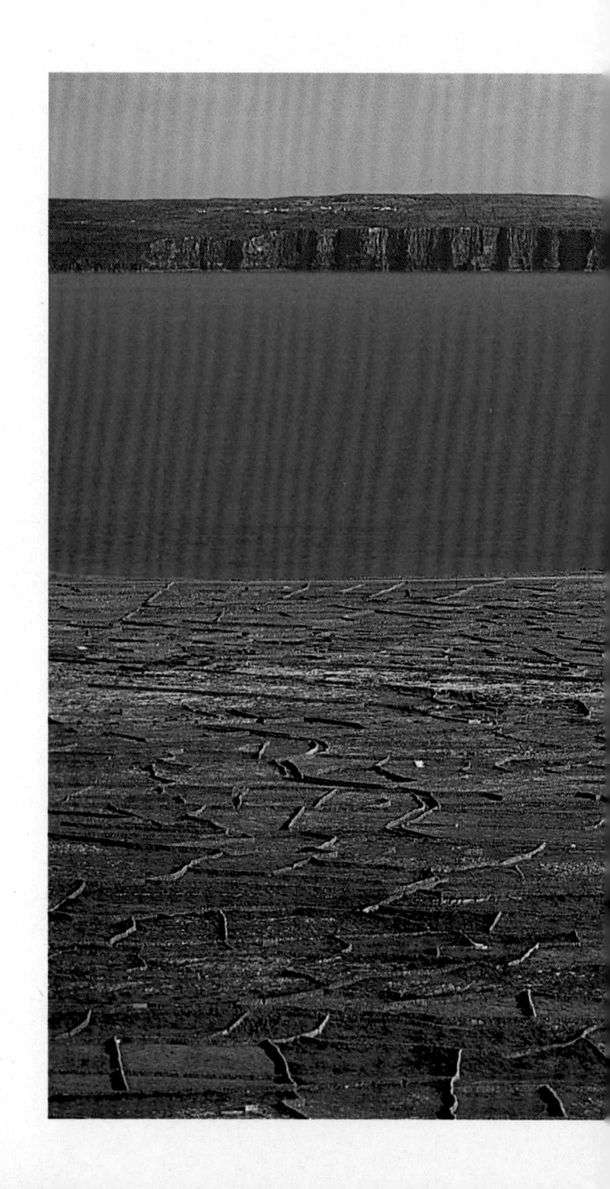

阿伦群岛在靠近大西洋的一侧，山丘遍布，悬崖突兀，荒原条件恶劣；而在面向戈尔韦湾的一侧，则分布有一些小片的耕地

岛屿中，伊尼什莫尔岛面积最大，长13千米，共有约800个岛民。如果你骑着自行车在植被稀疏的岛上四处闲逛，一路下来，能看到很多古老壮丽的建筑，如年代已久的教堂、已成废墟的礼堂或者是古代的堡垒。其中，艾恩格斯堡（Dun Aengus）可能是欧洲史前最美丽的堡垒了。它坐落于一座足足有80米高的陡峭突兀的悬崖上。另外，伊尼什莫尔岛上还有很多奇观，其中条虫状气孔最为有名，透过地壳的裂口，滚烫的水柱径直喷向天空。不过，从自然主义者的角度来看，最吸引眼球的还是当地的景色，尤其是那些高耸于海洋之上的悬崖峭壁。令人高兴的是，这些峭壁全都向游人开放，而这要归功于能延伸到悬崖边上的乡村小道。

阿伦群岛距离戈尔韦湾50千米。那些几乎全部由碳酸盐组成的陡峭悬崖堪称世界地质奇观

10

荷兰

The Wadden Islands
瓦登群岛

泰瑟尔岛（Texel Island）位于瓦登海（Waddenzee）中，距离荷兰西海岸28.96千米，是西弗里西亚群岛（West Frisian Islands）中面积最大且最靠南的岛屿。1986年，泰瑟尔岛被划为国家公园，它因丰富的鸟类资源而闻名于世，每年在此安家落户的鸟类大约有80种。

西弗里西亚群岛形成的时间不长，仅仅有8000～13 000年的历史。它和荷兰大陆之间隔着一片水域——瓦登海。瓦登海很浅，浅到在退潮的时候都可能会干涸。大约在10 000年前，海平面还非常低，大约比今天要低上60米，那个时候正好是第四纪的冰期。随着冰期接近尾声，冰川面积缩小，但是斯堪的纳维亚和苏格兰仍被冰川覆盖，大量的水被囚困在冰川里。那时，北海尚未形成，只有几条大河流到这里，其中有泰晤士河（Thames）、易北河（Elbe）、默兹河（Meuse）和莱茵河（Rhine）。河水在一个宽阔的河盆里汇聚，并把英国和欧洲大陆分开。再后来，气候变暖，海平面上升，大西洋的海水冲进这个河盆，沙子和沉积物沿着海岸聚集，形成了长长的一串沙丘。最终，海水把这串沙丘形成的岛屿和大陆分隔开来，并侵入低洼地，于是形成了一个布

此时的泰瑟尔岛上，艾属植物正在蓬勃地生长着。一般来讲，艾属植物会避开野鹅的巢穴扎根生长

无数条河渠穿过瓦登群岛。它们把海岸和沙丘、牧场和农田、湿地和绿色的田野连接了起来

在泰瑟尔岛，最高最干旱的地区生长着很多杜鹃花科的欧石楠，而大片大片的沼泽湿地则是莎草和灯芯草的天堂

满淤泥的小海盆，也就是今天的瓦登海。

早在1000年前，泰瑟尔岛上的居民就开始守护家园，稳固地盘；几个世纪后，他们开始建立大坝，避免暴风和洪涝之灾。另外，岛上的居民还填海造田，这项伟大的工程在将近17世纪时才全部完成。从此，泰瑟尔岛面目一新，直至今日。

海水的潮汐起伏影响着西弗里西亚群岛上的生物生活的节奏。退潮时，大片的泥沙滩暴露出来，上面满是各种各样的小型无脊椎动物和营养物质。对于鸟类和其他生物来说，这无疑是不可抵抗的诱惑，是免费的美味大餐，蛎鹬、银鸥、红脚鹬、黑尾鹬无处不在。在西弗里西亚群岛生活的所有鸟类中，真正的“明星”应该是篦鹭，它们是这个新国家公园的象征。

海洋哺乳动物也在泰瑟尔岛上找到了自己的栖身之所，如灰海豹和斑海豹，它们能在周围的瓦登海里找到充足的食物。由于遭到猎杀和环境污染，在1975年，这些鳍足类动物的数量不足500只。幸亏后来海豹被列为保护动物，它们的数量才开始明显增加。另外，从德国也迁移来了不少的海豹。不幸的是，在1988年，一种具有高度传染性的疾病在海豹中蔓延开来，它们的数量再次大量减少。从此，海豹群的恢复速度大打折扣。如今，这里大约共有11 000只斑海豹和1000多只灰海豹。

泰瑟尔岛是鸟儿的王国，在此生活的鸟儿种类很多，有数以千万计的雁、涉禽类、苍鹭、猛禽类和篦鹭

泰瑟尔岛和瓦登群岛拥有十分丰富的鸟类资源。从圩田（靠水坝来围海造的低田）旁边的小道上，你能看到很多种鸟，其中有杓鹬、红脚鹬、蛎鹬、茶隼、秃鹰、黑雁、野鹅、三趾鸥等

11

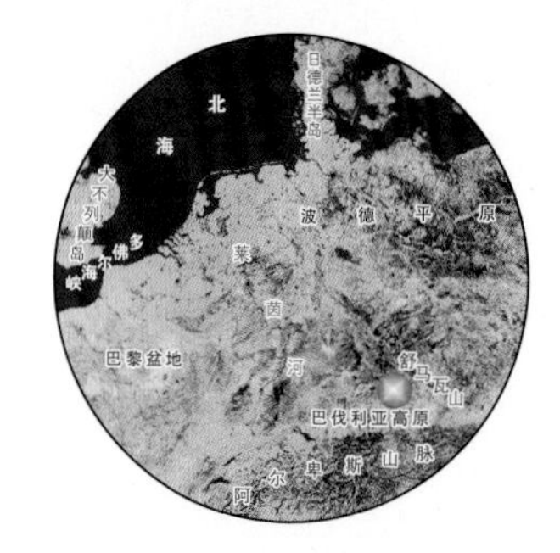

德国

The Bavarian Forest National Park
巴伐利亚国家森林公园

巴伐利亚森林又称“绿色深渊”（Green inferno），不仅因为它难以接近，更因为这里在许多方面都与欧洲的原始森林极为相似。作为德国的第一个国家公园，巴伐利亚森林公园建立于1970年，南北延伸20千米，宽约6千米。这片原始森林呈带状分布在亚欧大陆的西部，散发着非凡的魅力，充满了神秘色彩。而以上我们所谈到的只不过是波希米亚森林（Bohemian Forest）中非常微小的一部分，整个波希米亚森林的面积约为20万公顷。

近距离的接触，你会发现巴伐利亚森林的环境类型多种多样：除了原始森林外，还有云杉林、针阔叶混交林和泥炭沼。由于垂直植被带变化显著，向高海拔处攀登几英里的高度，你就会发现另外一番完全不同的景象，感觉就像穿越在通往北欧的土地上。

大部分的波希米亚森林都是混交林，其中最典型的植物群落组合为银杉、云杉和山毛榉。基岩的分化产生了酸性土，上面长满了郁郁葱葱的针叶林。在高海拔地区，云杉林无边无际；而在低海拔地区，则主要是茂盛的山毛榉和云杉的混交林。总的来说，公园的植被覆盖率高达98%以上，其中有15 000公顷

巴伐利亚森林面积很广，由大量的混交林和针叶林组成。经历了几个世纪的变迁后，如今，如何维护和保持这片森林的原始性成为最受人关注的焦点

在巴伐利亚森林公园，很多捕食动物（如棕熊）都被圈养在大围场里，这样更便于游人观赏

猞猁是欧洲和西伯利亚森林中最重要的捕食动物。1846年，猞猁在巴伐利亚森林中绝迹，之后于20世纪90年代被重新引进

由于雨水丰沛，树干上、森林的地面上长满了各种苔藓

冬天里，柔软的雪层覆盖了公园里的每一寸土地

在巴伐利亚森林中散步，你会和好几种哺乳动物不期而遇，如鹿、狍、野猪和水獭等。其中，欧洲狼最为罕见，它们主要生活在公园里的一些保护区内

（约占公园面积的一半）的林木不加任何管理，任其自生自灭。这样日复一日，年复一年，这些森林演变得和原始林相差无几。在那里，只有最原始的自然力量，丝毫没有所谓的“人类活动”和“人类影响”。你经常能看到大片的树木倒在地上，倒掉的树干上长满了苔藓、地衣和蘑菇，而树干里面则隐藏着生机勃勃的各种生命（尤其是无脊椎动物）。它们创造了微型生态系统，这对于整个森林的健康发展至关重要。

森林里有很多泥炭沼，当地把它们叫作“青苔”（filze）。泥炭沼是地球的“绿肺”，其中遍布苔藓。由于该地区降雨量丰沛，苔藓的生长速度出奇的快，它们似乎不知疲倦，不停地生长，一层层地堆积，最后能累积到5米厚。

巴伐利亚森林还是很多动物的乐园，尤其是脊椎动物，它们以前曾在欧洲森林里生活，如今却都把家搬到了巴伐利亚森林。不过，这里因为缺少大型的肉食动物，生物间的平衡难以维持。很久以前，狼和猞猁这两种大型肉食动物就已经绝迹了，致使有蹄类动物的数量疯狂增长，产生了很多严重的问题。即使人们成功地引进了狼和猞猁，它们也很难在短时间内重新在森林里驻扎安家，平衡物种间的数量。曾有一段时间，管理人员对当地动物进行圈养（在一种小型动物园里），游客们甚至可以在公园入口的围场里看到狼和猞猁。当时，这种做法遭到了强烈的批评。不过，它却成功地限制了众多游客流向公园的深处，那里是公园最敏感、最脆弱的地方。如果游客数量不加以限制，不仅森林的管理会出问题，而且这最后一片欧洲森林的脆弱的生态平衡也会受到严重威胁。

巴伐利亚森林公园建立于1969年，面积庞大，林木茂密。在海拔1000米和1500米之间的山区，气候严酷，云杉是其中最主要的树种

12

德国

Saxon Switzerland National Park
萨克森小瑞士国家公园

在德累斯顿以南的易北河沿岸有一处非常著名的砂岩景观——萨克森小瑞士。这个名字来源于200多年前，一些瑞士画家认为德国东南部和捷克接壤的这块土地的景色与瑞士山脉极为相似，于是给它取名为“萨克森小瑞士”。

白垩纪（1.35亿年前到0.55亿年前）时期，由于不断受到海水的冲刷侵蚀，砂岩山脉变得陡峭突兀，成了现代登山爱好者的天堂。幽深的峡谷安静地躺在山脉的怀抱中，易北河从中奔流而过，河流是很多动物的乐园，如水獭在当地就很常见。早在18世纪初，就有很多画家和旅行者来到这个浪漫的地方寻求灵感，如非常著名的风景画家卡斯帕尔·大卫·弗里德里希（Caspar David Friedrich，1774—1840），其一生中的多数作品就是在萨克森小瑞士创作的。

从自然资源的角度来看，萨克森小瑞士的特点是白垩纪砂岩的后期侵蚀景观，它形成于第三纪（Tertiary，从6500万年前至160万年前）和第四纪（Quaternary，从160万年前至今）之间。在700平方千米的公园里，耸立着不计其数的砂岩石柱、石崖、石塔。另外，在公园里还能看到各种各样的大峡谷。

易北河河谷历史悠久，拥有无数的城堡、公园和神秘的森林，尤其是那些大峡谷中间横跨着如画的石桥，恍若仙境

萨克森小瑞士的地形格外独特，白垩纪海洋磨蚀的砂岩石柱高耸入云，还有易北河从中奔流而过的一道道峡谷

因此，德国和捷克交界的这块地方受到保护，并被建设为国家公园。公园内的动植物种类极其丰富，另外，这里还是徒步旅行和自行车爱好者的好去处。

如今，萨克森小瑞士对自然保护专家和动植物专家有着更大的吸引力。自1992年开始，德国和捷克就一直保持着一种习惯：对公园内的维管植物进行调查登记，以便提出一项更好的规划，其中包括联合保护措施、分布图集，以及濒危物种名单。

13

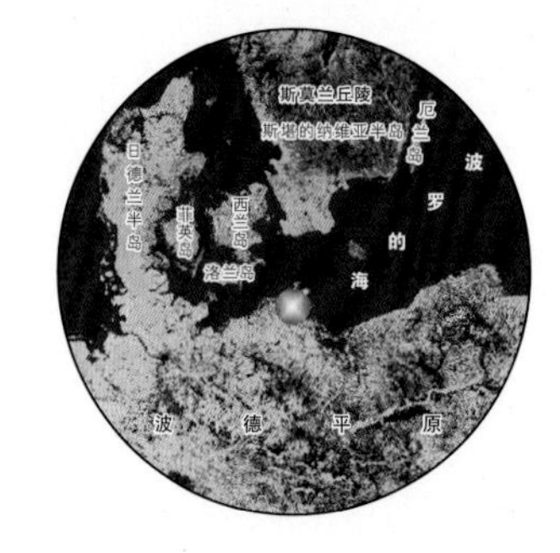

德国

Jasmund National Park
亚斯蒙德半岛国家公园

吕根（Rügen）岛是德国最大的岛屿，属于梅克伦堡-前波美拉尼亚（Mecklenburg-Western Pomerania）州，位于德国东北部，也就是前德意志民主共和国境内。吕根岛的总面积约为935平方千米，对面是波罗的海。在吕根岛的东部有一块保护区——亚斯蒙德（Jasmund）半岛，它是德国面积最小却最美丽的国家公园。在只有4000公顷的土地上，拥有众多湿地和干旱的草地，甚至是大面积的林地。高大的白垩悬崖是岛屿的标志，它们是冰期地壳不断抬升的杰作。在岛上的最高点柯尼希斯施图尔（Königsstuhl）山（海拔106米）不远处，悬崖沿着水平方向绵延了10千米。

施图布尼茨（Stubnitz）高原形成于冰期。在这座高原上，生长着从遥远的13世纪遗留下来的山毛榉林，它们至今仍然广袤无边。另外，很多喜欢潮湿环境的植物也在这里找到了理想的家园。赤杨的根绕着淡水泉形成了庞大的泥炭沼群。

亚斯蒙德半岛国家公园拥有德国最丰富的森林资源。这里的动物种类应有尽有，如生活在白垩崖上的食蜂鸟、金雕等。而植物王国中则主要有泥炭藓、羊胡子草、茅膏菜等。其中，羊胡子草主要生长在树少的沼泽外围。另外，比起钙质土或石灰土来，很多植物似乎更喜欢湿地，所以那里拥有一派生机勃勃的景象！

吕根岛的海岸线长约480千米，它变化多端，有的地方是白色的沙滩，有的地方是沙丘。绿色的小灌丛、突兀的悬崖、海湾和湖泊更是层出不穷，令人目不暇接

吕根岛上生长着茂密的植物，其中大部分为常绿植物

几个世纪以来，吕根岛的白色悬崖给无数诗人和画家带来了灵感

14

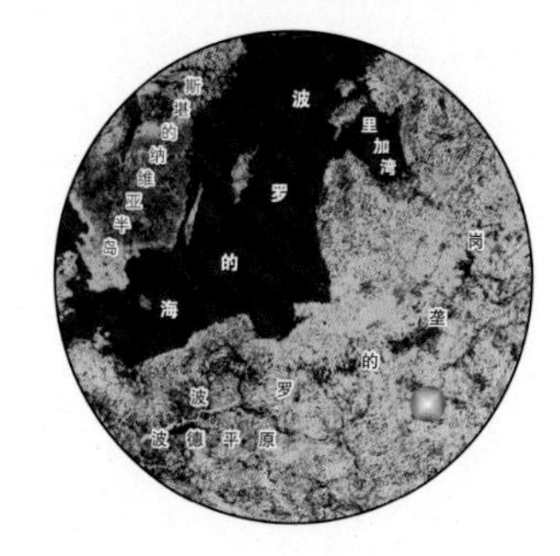

波兰

Bialowieza National Park
比亚沃韦扎国家公园

在欧洲大陆上曾覆盖着浩瀚无际的原始森林，如今，那片绿色的海洋早已逝去，只剩下了斑斑点点，这其中之一便是比亚沃韦扎森林（Bialowieza Forest）。它横跨波兰和白俄罗斯边境，是欧洲大陆上保存最完好的原始森林之一。在很多方面，比亚沃韦扎森林对于欧洲的意义，就好比黄石公园对于北美洲一样，不论是原始程度，还是在其中生活的动植物种类，二者都非常相似。比亚沃韦扎森林的面积共约14万公顷，其中有57 800公顷位于波兰境内。

这片森林面积广大，年代久远，在欧洲的其他地方很难找到能和它相媲美的森林。森林里拥有极为丰富的动植物资源，其中已记录的植物主要有：900种维管植物（其中有26个高躯干树种）、12种兰花、254种地衣、80种苔藓植物和1500种蘑菇。在森林里，生长着很多大树，据估计已有好几百年的树龄。这里的橡树林宏伟壮观，灌木林和浓密的地被植物交替出现，间或有一些因百年老树倒掉而腾出的空地。当地分布的主要动物有欧洲野牛、狼和猞猁。

很早以前，人们就开始采取措施来保护这片森林。早在19世纪，波兰的国王就限制猎杀大型动物。随着1918年波兰独立，政府又制定了一些重要

在比亚沃韦扎保护区，欧洲野牛安然地生活着。这里是欧洲野牛赖以生存的为数不多的保护区之一

公园面积广大，森林茂密。对于野牛和欧洲猞猁等大型哺乳动物来说，这里就是它们的天堂

欧洲大陆上，曾经遍布着广袤的原始落叶林，如今这片森林所剩无几，其中之一便是比亚沃韦扎

的保护措施。三年之后，在比亚沃韦扎建立了第一个森林保护区，自此，4500公顷的森林都处于特殊的保护管理之下。1932年，比亚沃韦扎被宣布为国家公园。从某种程度上来讲，比亚沃韦扎是波兰整体景观的体现。因为在波兰，有28%的国土都被森林所覆盖。1977年，比亚沃韦扎森林被列入“人与生物圈自然保护区”，1979年，被列入《世界遗产名录》。该名录上记载着世界上所有应该受到保护、保持原状的地点，它们是留给后人的珍贵遗产。截至目前，这里共有7处被认定为生物圈自然保护区。根据《拉姆萨尔公约》（Ramsar Convention，一项国际保护协议，1971年签订于伊朗的拉姆萨尔），共有8处湿地应予保护。另外，还有4处也相继获得了生物圈自然保护区的称号。

在波兰境内的比亚沃韦扎森林里，共生活有60多种哺乳动物，其中大型肉食动物有狼、猞猁等；而草食动物中最出名的便是欧洲野牛了。今天看来，野牛的数量很稳定，其实这都要归功于一项成功的圈养育种计划。1919年，偷猎者杀死了比亚沃韦扎的最后一头野牛。在20世纪20年代，全世界的欧洲野牛都濒临灭绝，它们的总数加起来大概也只有50只，并且大都生活在动物园里。专家们从中精心挑选了13只，重新引种计划才看到了希望。比亚沃韦扎于1929年开始重新引入野牛，最初它们主要生活在一些受监控的围场里，直到1952年才被放归到野外。而波兰、立陶宛、乌克兰和俄罗斯则是在20世纪50年代开始实行引进计划的。总的来说，引进的过程比较顺利，引进结果也非常鼓舞人心。如今在欧洲，野牛的总数达到了3200只左右，而其中大约有400只生活在比亚沃韦扎森林里。

另外，在森林里生活的昆虫也数不胜数，据估计有1万种，其中有一些极其罕见，它们主要依靠非常古老的树木生活。

在比亚沃韦扎森林，一些地方会定期出现洪涝。洪涝过后，动物激增，植物更加枝繁叶茂

比亚沃韦扎森林里鹿的数量很多，它们是狼和猞猁的食物来源

15

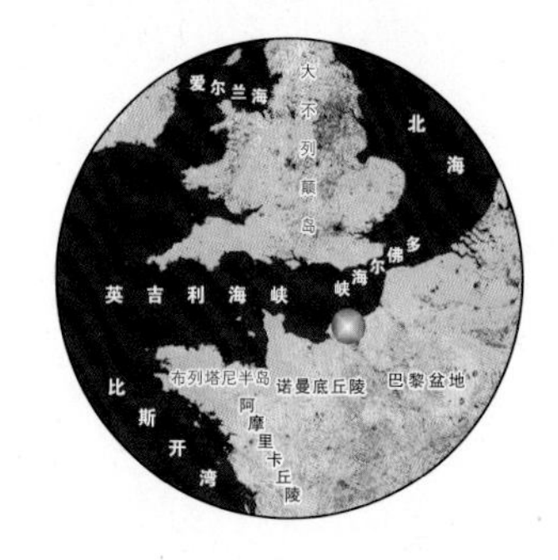

埃特勒塔最具象征性的景观是它优美自然的石拱门、巍然独秀的尖峰和成千上万在那里安营扎寨的海鸟

法国

The Cliffs of Étretat
埃特勒塔悬崖

据说，正是在诺曼底（Normandy），在埃特勒塔（Étretat）的悬崖边，欧洲大陆的温和气候走到了尽头；也正是在这里，开始有了灰色的天空、冰冷的海水和永不停歇的潮湿的风，进入了所谓的“大北方”。事实上，风是这个地方最重要的特征之一。潮湿的风不知疲倦地吹着，风力塑造出了各种形状的岩石和高耸的悬崖。

埃特勒塔的景色美得让人惊叹！这里到处耸立着90多米高的悬崖，丝毫不逊色于地中海的同类风景。这里的悬崖不像科西嘉（Corsica）岛上博尼法乔（Bonifacio）的那样耀眼夺目，它们披着茵绿的外衣，倒也别有一番风味。这里之所以被叫“埃特勒塔”，是因为一个同名的小村庄。这个靠海的村庄一共有1600个居民，居住在阿拉巴斯特海岸（Alabaster Coast）上，从勒阿弗尔（Le Havre）一直到布累勒河（Bresle River）的入口处。换句话说，整个滨海塞纳（Seine-Maritime）省的海岸线都是这些村民的家。在这条长约140千米的海岸线上，阿拉巴斯特海岸通往大海，一路上峡谷耸立，风格却完全不同：大河流经的是潮湿的海岸峡谷，而宽阔的喀斯特山谷里则异常干燥，水道都掩藏于地下。在海岸最南端附

近，因鹅卵石而出名的埃特勒塔海滩上，有一个宽阔的自然圆形凹地，凹地四周是被侵蚀而成的石拱门，这些大自然的绝世作品以极为陡峭之势横跨在海滩的左右两边。左边的拱门被称为“阿瓦尔石拱”（Aval Gate），这个纤细的有着尖顶拱的自然建筑极像哥特式拱门。在悬崖顶部，一道石拱门突然断裂，那里的景色美到极致。你可以欣赏到壮观的天然建筑——马内石拱（Manneporte），也可以看到因莫里斯·勒布朗（Maurice Leblanc）而闻名的艾吉耶岩（Aiguille）。勒布朗是“绅士大盗”——亚森·罗平（Arsène Lupin）这一角色的创作者。而艾吉耶岩则是一个高达70米的尖石塔，是勒布朗小说中主角的秘密藏身之处。这些悬崖壮丽奇特，各个时代的大师都来到这里找寻灵感，如印象派画家克劳德·莫奈（Claude Monet）和不朽的维克托·雨果（Victor Hugo）。在他们眼里，埃特勒塔悬崖是现存最伟大的建筑作品。在海滩另一端，阿蒙悬崖（Amont Cliff）拔地而起，其顶部有一个专门献给圣母保护神（Notre-Dame-de-la-Garde）的小礼拜堂。

艾吉耶岩和阿瓦尔石拱都是风蚀的产物。事实上，碳酸钙构成的岩壁非常容易碎裂。每次暴风雨来袭，它们会一点一点地破碎。而这里的岩石成分要比其他悬崖的更为坚实一些，也更能抵抗外来的侵袭。海水和风定期攻击它们的“猎物”，最终，那些比较“弱小易攻”的败下阵来。在风的力量下，石块在白垩岩体中一点点松动，最终被挤压出来，并被海水冲刷成光滑溜圆的鹅卵石。海水用鹅卵石和石块做工具，不停撞击着白垩岩壁，经过长年累月的敲打、雕琢，最终创造出了洞穴和峡谷。另外，海水还渗进岩体的裂缝间，一步步完成侵蚀过程。最终，形成了充满魅力和神秘感的石壁和石拱门。

在科村附近，白垩悬崖绵延好几千米远，很多都高达90米。从1900年起，埃特勒塔成为一个时尚度假区。如今，它的美仍然吸引着难以计数的游客

16

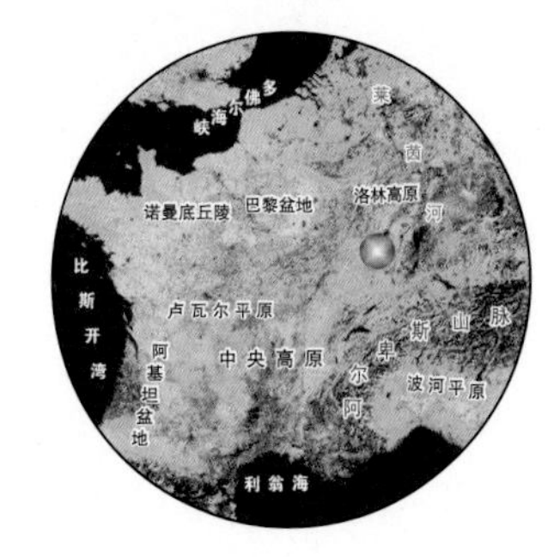

法国

The Region of the Vosges Mountains
孚日山脉

孚日山脉（Vosges）坐落于欧洲中西部，沿着莱茵河谷西侧，按照北—东北方向，绵延于莱茵河西岸的法国上莱茵省、下莱茵省和孚日省境。有趣的是，孚日山脉的环境与莱茵河另一侧的德国黑林山（Black Forest）非常相似：两个地方的形态构造相同，都以广袤的森林闻名于世，而且在低海拔地区，都分布有牧场和圆丘形的山峰。

谈到孚日山脉，就不能不提莱茵河。莱茵河有一个天然的走廊——一座南北走向的大峡谷。大约在4000万年前，随着大陆板块的漂移，地壳表面开始分崩瓦解，最终形成了这条峡谷。莱茵河汩汩流向北海，历经几百万年后，这条河流已经积累了大量沉积物，并且将继续积累下去。另外，莱茵河还在孚日山脉和黑林山之间冲刷出了冲积平原，平原上森林和田畴遍布，它们定期享受着洪水的灌溉滋养。

孚日山脉共有两处保护区：北孚日（Regional Natural Park of the Northern Vosges）自然公园和孚日山国家公园（Ballon des Vosges Regional National Park）。它们都拥有连绵不绝的大块林地、泥炭沼和高耸的悬崖峭壁。北孚日自然公园

孚日山脉地区，湖泊遍布，还有很多湿地和大片的莎草地

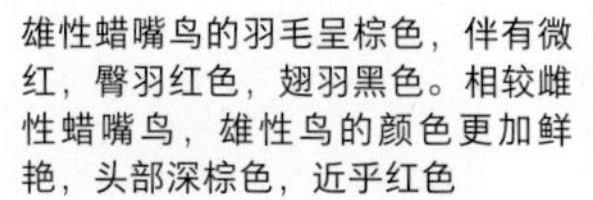

雄性蜡嘴鸟的羽毛呈棕色，伴有微红，臀羽红色，翅羽黑色。相较雌性蜡嘴鸟，雄性鸟的颜色更加鲜艳，头部深棕色，近乎红色

有些时候，在浓郁的莎草地里有泥炭沼出现

对于自然爱好者来说，孚日山脉就是天堂。每年冬天，白雪覆盖的群山是游客们无法抗拒的诱惑

建立于1975年。到1989年时，它和位于德国莱茵兰-普法尔茨（Rheinland-Pfälz）州的普法尔茨林山（Pfälzerwald）国家公园一起，被联合国教科文组织宣布为最重要的跨境生物圈自然保护区之一。

这里大约有400个泥炭沼，它们是孚日山脉生态环境的支撑点。当地凉爽多雨的气候加速了泥炭沼的形成，这些非常特殊的环境起源于一些花岗岩盆地，它们是冰川撤退后留下来的痕迹。在900米的高处，对风和严寒敏感的松树林消失不见，取而代之的是茂密的冷杉林。

孚日山脉的动物极具中欧特点，这里有很多鸟类，尤其是猛禽，另外还有一定数量的小型和中型哺乳动物。这里还生活着一些大型肉食动物，如狼。在过去，狼已经灭绝；而最近，人们在北孚日地区开展了重新引种计划。另外一种大型捕食动物——猞猁，在过去也被逼到了绝境，不过最近也在重新引种。这个计划酝酿于1972年，1983年从喀尔巴阡山脉（Carpathians）引入了3种猞猁，标志着该计划正式进入了实施阶段。

冬天里，湿地冷冻结冰，山脉光影叠错，好一派美不胜收的景象

秋天的乎日山脉　岚雾[illegible]氲缭绕　恍若仙境

17

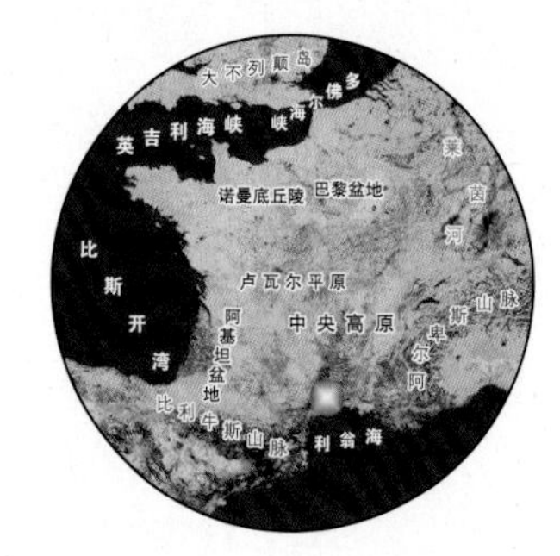

法国

The Regional Nature Reserve of the Camargue
卡马格自然保护区

要想品尝惊奇的滋味，就请来卡马格。这里有珊瑚草织成的地毯，它无边无际，似乎要蔓延到天边，地毯的颜色随着季节的更替出现绿色和赭色的交替变化。北方的密史脱拉风（Mistral）和西北方的麦斯楚风（Maestro）就像勤劳的农夫，一年四季不知疲倦地“耕耘”着这里的每一寸土地。

鸟儿在泥沼生境中繁衍生息，水生动物多得出乎意料。不论是小型无脊椎动物，还是鱼类、两栖类，都把这里当作它们的天堂。经过海水的冲刷、风的侵蚀，卡马格俨然被塑造成了一个典型的河流三角洲。这里原始野趣，变幻莫测。湿地、峡谷以及被潮汐冲刷出的大片河滩是卡马格最大的特点。在法国，这里有独一无二的生态群落。即使在整个欧洲，也很难找出相类似的环境，或许多瑙河三角洲、瓜达尔基维尔（Guadalquivir）河三角洲或波河三角洲会有些与之相似。

卡马格位于罗讷河（Rhôn ê e River）河口地区，面积约13 100公顷，1975年被划为公园。东西两边分别是大罗讷河（Great Rhône）和小罗讷河（Little Rhône），北接阿勒（Arles），南临地中海岸。卡马

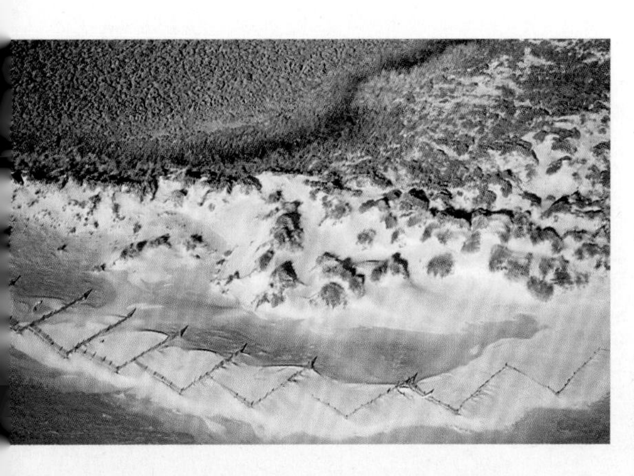

在卡马格，动物、植物，甚至自然景色都很特别，这是介乎受人类活动影响和纯野生状态之间的一种独特的和谐组合

的生境类型多样，只从其沉降历史便可知一二。沉积物逼迫海水一点点退去，渐渐出现了沙滩、潟湖、静止的池塘以及固定的沙洲。

很多生灵轻而易举就能加入到这个多变的大环境中。风无休无止，塑造了大面积的沙滩和海岸沙丘，中间夹杂着常绿矮灌木丛（典型的地中海特点，灌木丛点缀在裸露的地面上），其中喜欢盐性环境的珊瑚草最为繁茂。这里到处都是开阔的草地，以及地中海原始灌丛的孑遗。卡马格的动物通常都习惯于生活在盐生环境中，不过当地最出名的还是鸟类，一共有270多种鸟，其中有26种在国际上具有非常重要的地位。地中海几乎所有的火烈鸟（大概有8000对）都在这里栖息生活。可以说，这里是鸟儿安全的家园，享乐的天堂。在这里，它们可以享用丰富的植物和无脊椎动物，并且免受人类活动的影响。

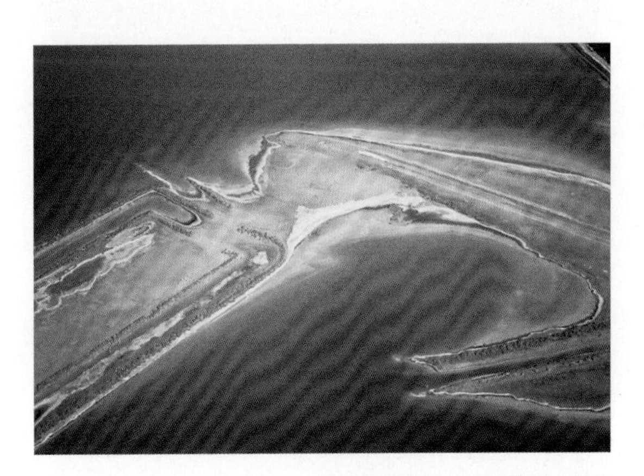

受强风的影响，法国南海岸上堆着一座座流动沙丘

卡马格最大的亮点是当地的马，它们以这一地区的名字来被命名。1982年还专门建立了自然公园来保护这些马

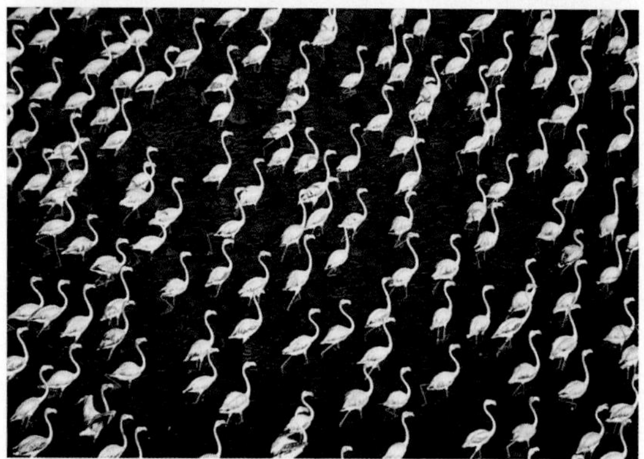

毫无疑问，丰富的鸟类资源是卡马格最大的特点之一，其中火烈鸟最招人喜欢。这种优雅的鸟儿在卡马格自然保护区栖息生活

火烈鸟通体粉红，一定程度上是因为它们经常进食一些富含胡萝卜素的甲壳类和海藻

日罗盐沼与大罗讷河河口毗邻，面积共11万多公顷，是卡马格最重要的生态系统。日罗的产盐量每年可达813 000吨

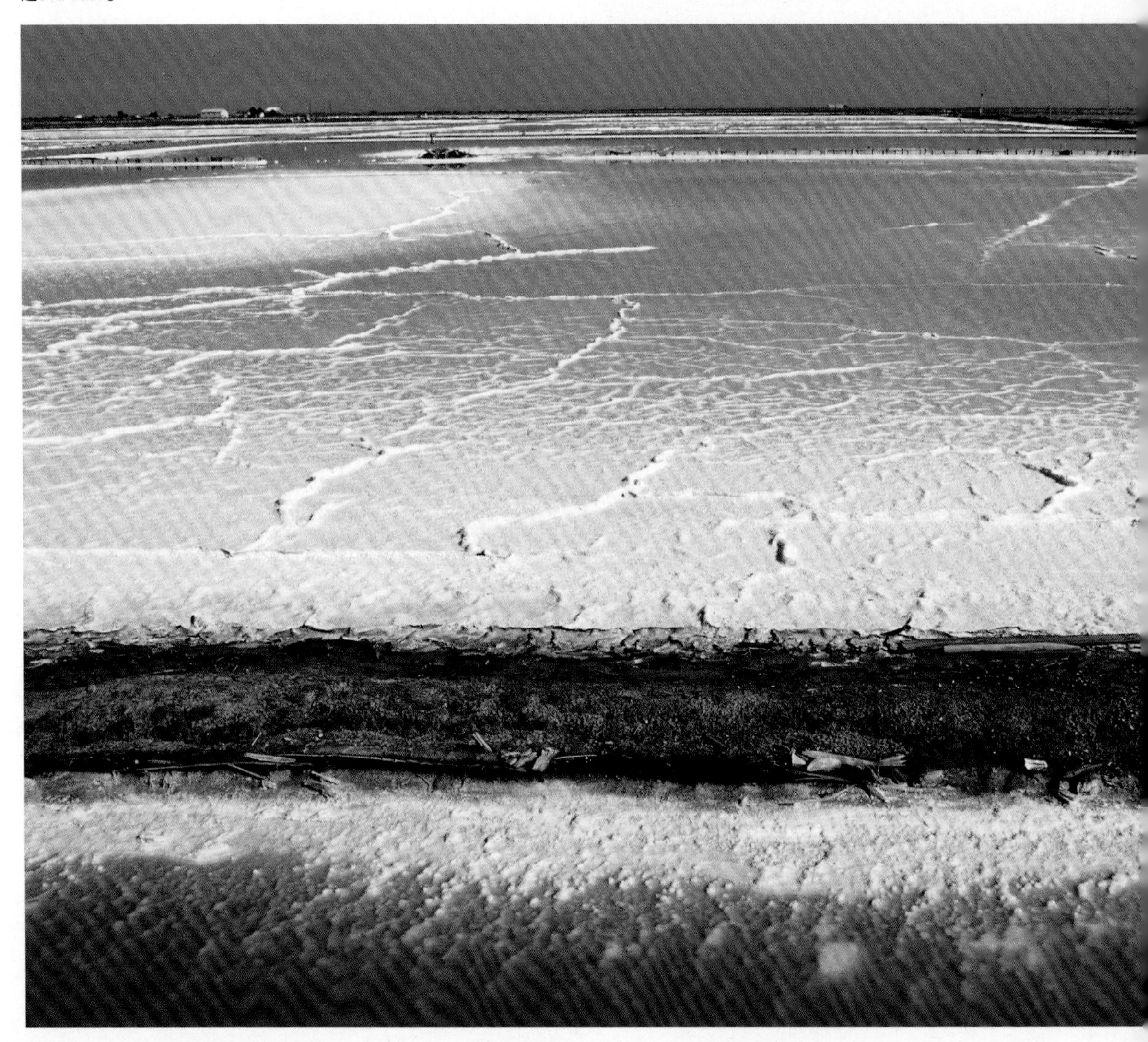

卡马格生活着很多小型和中型动物，因此吸引了不少捕食者，如赤狐就遍布这里的各个地方

卡马格的沙丘上是广阔的珊瑚草草甸。这种草喜欢盐碱地，能充分适应含盐分的环境

卡马格是一个占地面积约780平方千米的大湿地，这里有河流和微咸生态系统。数不胜数的淡水和咸水池塘是大量湿地鸟类的家园

18

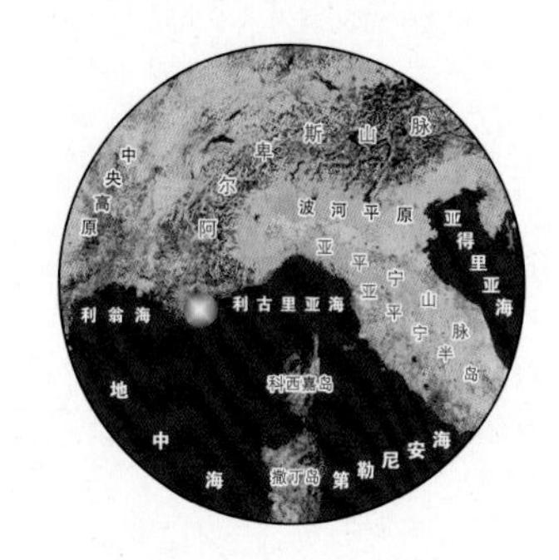

法国

The Calanques of the Côte d'Azure
蓝色海岸的小海湾

在法国南部有这样一个地方，它占地5500公顷，海湾切进陡峭的岩壁，而岩壁又陡直坠入大海中，白色和碧蓝交融在一起，形成了卡西斯（Cssis）—马赛（Marseille）海岸（Marseilleveyre Massif）上最大的亮点。这处稀世美景便是著名的蓝色海岸的小海湾（Calanques of the Côte d'Azure），它的对面是弗里乌勒岛（Frioul Island）和里乌岛（De Riou Island）。

在蓝色海岸的狭海湾中，索尔米乌湾（Calanque de Sormiou）和昂沃湾（Calanque d'En-Vau）最为有名，它们集雄伟和秀美于一身。其中，昂沃湾宽约150米，向陆地弯入610米，它依偎着两侧粗糙的石崖伸展，越来越窄，直至一片白色的小沙滩为止。

就景色而言，蓝色海岸是法国的一处人间仙境，这里海湾精致，悬崖雪白，海水清澈湛蓝……在自然环境方面，蓝色海岸在欧洲地中海占有极其重要的地位。欧洲的“自然2000年工程”（Europe's Natura 2000 project）曾在此地区赞助启动了一项环境大调查，共发现有包含了40种混合栖息地的26处自然环境。到目前为止，共鉴定了约900种植物，其中有660种维管植物，83种具有地区、国家或世界级的保护意义。至

在马赛和卡西斯之间，是有名的昂沃湾。这里高3200米的石灰质山体，沿着海岸绵延了20多千米，吸引了无数登山爱好者

海湾海岸拥有十几个水下洞穴和几个小海湾，在那里它们可以免受强风和潮汐的侵蚀

于生活在蓝色海岸的动物们，更是个个具有极强的适应力，它们能很好地适应极端环境，适应法国南部的干旱。其中有一些动物的适应能力超乎我们的想象，如白腹隼雕和几种海鸟。另外，蓝色海岸的悬崖峭壁上还生活有约占法国30%的猛鹱、暴风海燕和约10%的地中海鹱。当地的爬行动物共有12种，两栖类爬行动物有4种。哺乳动物中的翼手类，如蝙蝠，找到了无以计数的喀斯特洞穴，并在那里安家生活，这些蝙蝠在自然环境中的作用非常重要。至于海洋的生物多样性，波喜荡草属植物构成了大片大片的海底草场。在“自然2000年保护地名录”（Nature 2000's Habitat Directive）中收录的生境中，这些草场是地中海沿岸非常重要的生态系统，是需要优先被保护的栖息地之一。

另外一处具有特殊意义的景点是科斯克尔洞（Cosquer Cave）。它被发现于几年前，因丰富的史前人类文明而闻名于世。确实，洞穴里的岩画，无论是趣味还是价值，都可以和拉斯科（Lascaux）洞或者孔布达克（Combe d'Arc）洞相媲美。洞穴里共有两处岩画，其中之一可以追溯到20 000～17 000年前，而另外一处则在29 000～26 000年前，相当于最后一个冰期的最近两个阶段。

1975年已经列入“国家重点保护风景名胜名录”的小海湾和德里乌群岛今天已成为马赛这一繁华地区的“绿肺”，使它们成了旅游休闲的好去处。据估计，每年约有100万游客慕名前往海湾和德里乌群岛。游客数量过多给当地环境带来了威胁，为此，人们采取了适当的限制措施来进行保护。不过很明显，行之有效的保护措施还远远不够。幸运的是，海湾已经是“自然2000年”计划基于保护地名录的框架所列出的“具有重要社会价值保护地”中的一个重要地点。现在，很多环保组织都在申请把海湾划为国家公园，而这个申请也即将变为现实。希望能有更多、更有效的措施来保护这里的自然环境和生物多样性。

19

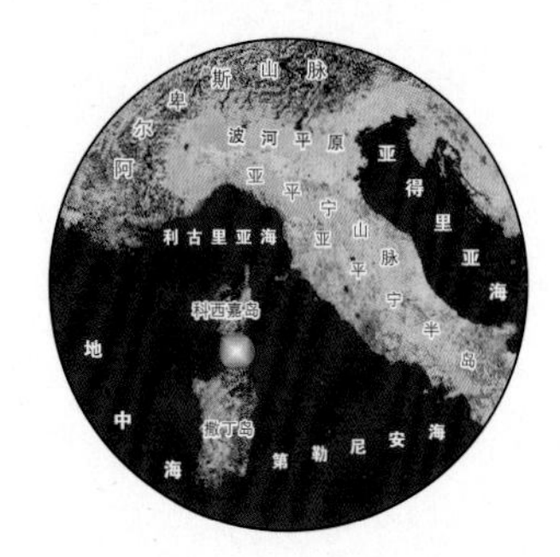

法国

The Nature Reserve of Bonifacio
博尼法乔自然保护区

博尼法乔（Bonifacio）位于科西嘉岛南部，周围紧邻白色的悬崖。因它得名的博尼法乔湾，也就是所谓的“博尼法乔之门”，是一个宽阔的深海湾，这是地中海水域最令人向往的景点之一。科西嘉岛在古代就闻名遐迩。它景色优美，面向撒丁（Sardinia）岛，在一湾清澈湛蓝的海水中延伸开来。海水中遍布着大大小小的岛屿，它们都属于撒丁岛附近的马达莱纳群岛。要想领略地中海真正的魅力，就请到科西嘉岛，到博尼法乔来。

从政治的角度来看，博尼法乔的生态环境既包括法国的科西嘉，又包括意大利的撒丁岛的一部分。不过从自然和地理的角度来讲，在地中海的这个角落，动植物群落却是一个不可分割的统一体。正因如此，最近建立了一个在国际（或跨国）上受保护的公园，其目的之一就是对科西嘉岛和撒丁岛之间的海湾环境进行保护和管理，而不是简单的各自为政。

博尼法乔海峡公园包括了几个群岛以及无数个小岛，它以优美的环境和丰富的自然遗产而闻名于世。这里不仅拥有独一无二的海岸和海洋生态系统，景色也是美得无可比拟，如拉维齐（Lavezzi）

高耸的悬崖沿着海岸绵延约24
千米

博尼法乔的悬崖宏伟壮丽。另外，这里海洋生物多样性的保护工作取得了很大成就。博尼法乔一带的水域拥有很多稀有物种，这在整个地中海都无可匹敌

博尼法乔的美永恒不变，慕名前来的每一位游客都为之打动

群岛、切尔比卡利（Cerbicali）群岛、布鲁齐（Bruzzi，或Monks）半岛、博尼法乔的崖壁、文蒂莱涅（Ventilegne）的潮汐湾、苏阿尔托内（Suartone）的三沼泽（Three Swamps）、林迪纳拉（Rindinara）的海滩、潮水湾和湿地、滨海保护区（Conservatoire du Littoral）和马达莱纳群岛国家公园的地貌。现在，受国际公园保护的海洋区域（包括岛屿和水）共有6处，其中3处位于科西嘉岛一侧［分别是拉韦齐群岛、斯坎多拉（Scandola）岛和菲诺基亚罗拉（Finocchiarola）岛］，另外3处则位于撒丁岛一侧［马达莱纳群岛、阿西纳拉岛（Asinara）和塔沃拉塔（Tavolata）岛］。其中，拉韦齐群岛面积共约4411公顷，四周是卡皮乔卢（Capicciolu）岛、斯佩罗内（Sperone）角，以及科西嘉海岸不远处的斯佩尔杜托群岛（Sperduto Islands）。

过去在人们的印象中，博尼法乔只有丰富的植物和鸟类资源。但今天，这个港口城市已变成了一个非常重要的枢纽，这里汇集了各种各样的鱼类，海洋生物的多样性在这里得到了完美的展现，地中海所有的海豚、鲨鱼、海龟种类以及许多重要物种在这里都有出现。由于海岸开发和环境污染，巨头巾帽贝在整个地中海都濒临灭绝，但在博尼法乔却出现了它们的踪影。另外，这里还有各种鱼类、软珊瑚、海扇以及大面积的地中海波喜荡草属植物。在博尼法乔生活的海洋鸟类不计其数，其中有鸬鹚、大西洋海鹦、地中海鸥。另外，还有很多种爬行动物，其中有3种壁虎（鳄鱼守宫、地中海壁虎和欧洲叶趾壁虎）。

保护运动必须面临的一个巨大挑战就是建立世界公园，它必须能成功地解决国家政策、国界问题以及国际事端所带来的一系列难题。这种公园除了保护野生生物、生物多样性以及各种景观以外，还须竭力阻止国际石油公司的靠近，阻止不规范的旅游业和大规模的捕鱼业的滋生。

20

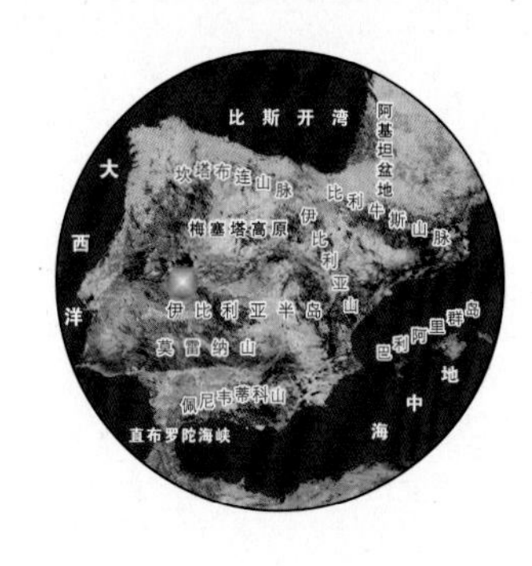

牧场上的这些植物是由于气候干燥、土层太薄而形成的。这里的生态系统有别于纯农田和荒地

西班牙

Monfragüe National Park
蒙弗拉圭国家公园

提起蒙弗拉圭国家公园（Monfragüe National Park），首先映入脑海的便是在天空中翱翔的秃鹫、格里芬秃鹫，以及其他大型猛禽。显然，这一情景已经成为了蒙弗拉圭国家公园的天然标签。在各类猛禽中，秃鹫的英文名为“Cinereous vulture”，意为“灰色的鹰”。它们的头部为灰色，头上还有明显的黑斑。

蒙弗拉圭国家公园在地中海一带美名远扬，它深受游客的青睐，是欧洲保护最好的地方之一。这里有连绵不绝的山脉，由于保护完好，山上生长着无数的动植物。蒙弗拉圭的环境类型复杂多变，它拥有无边无际的空旷地、浓密得不能穿越的森林、似乎要蔓延到天边的草地和能触动你灵魂的法尔孔山（Peña Falcon）。其中，法尔孔山深受格里芬秃鹫的喜爱，欧洲境内几乎所有的格里芬秃鹫都把家安在这里。在这些岩壁上，还生活有很多其他罕见的鸟类，如黑鹳、埃及秃鹰和游隼。如果幸运的话，你甚至能在蒙弗拉圭城堡上看到它们的空中表演。站在观测点的位置，能俯瞰到整个法尔孔山，而在空中翱翔的格里芬秃鹫和时不时现身的埃及秃鹰更是让你心潮澎湃。在城堡的周边地区，还生活有白尾黑鹏、灰眉岩鹀、灰喜鹊、白眶鹟莺、黑头林莺、森林云雀和石雀。

对于众多猛禽来说，斯塔德瀑布的岩壁是它们理想的栖息之所

格里芬秃鹫是蒙弗拉圭的标志性动物

因为大坝数量众多，塔戈河看起来更像是一个人工湖

在欧洲境内，蒙弗拉圭是拥有保护最好的地中海灌木林和硬叶林的地区之一

不论在蒙弗拉圭，还是在欧洲其他生活有大型猛禽的公园，人类对维持鸟类种群稳定所付出的努力都不容忽视。在公园里的一些特定地方，已经建立了一些观测点，它们为观察大自然提供了绝好的机会。在观测点的位置，能看到住在树上的白鹳。要知道，在附近的小城特鲁希略（Trujillo）（欧洲的其他城镇也是一样），白鹳通常都在房顶上筑巢搭窝。蒙弗拉圭就像是鸟儿的天堂，不论是像格里芬秃鹫这样的大型猛禽，还是其他鸟类，都能在这里过上自由舒适的生活。

在潮湿阴暗的地方，仍然生长着茂密的原始地中海森林，主要是一些软木林、葡萄牙栎和蒙皮利埃槭。森林的地表上长满了樟科植物（例如月桂和松脂木）。在远古时代，这些植物曾经是欧洲和地中海水域的优势种群。

伊比利亚猞猁也在蒙弗拉圭繁衍生息，这里是它们最后的避身堡垒之一。两栖类动物种类丰富，其中最惹眼的是地中海树蛙和森林蜥蜴。另外，地中海拟水龟和欧洲泽龟也在这里生活，它们数量众多，哪里有池塘或湖泊，哪里就有它们的身影。为了维持公园的生态平衡，蒙弗拉圭采用一种叫作“牧场”（dehesa）的耕作模式，它在西班牙和非洲西北部非常普及。在广阔的萨瓦纳草原上，树木稀少，牧场模式非常普遍：开阔地和树林交替出现。开阔地用于放养家畜，树林（主要是软木林和圣栎硬木林）则给人们提供栎实、木材、软木塞和木炭。

除了猛禽，公园里还生活有涉禽

很多典型动物都在蒙弗拉圭繁衍生息，如赤狐

21

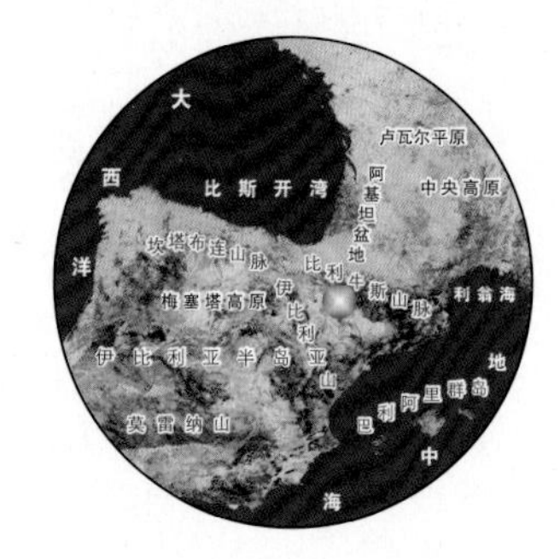

西班牙

The Pyrenees
比利牛斯山

比利牛斯山脉是法国和西班牙的天然分界，集丰富的自然资源、独特的文化魅力与优美的景观于一身，在欧洲大陆具有非常重要的地位。比利牛斯山和阿尔卑斯山常常被相提并论。从地貌学的观点来看，比利牛斯山的“年纪”要稍长一些，阿尔卑斯山更接近“近代”。另外，和阿尔卑斯山相比，这里的冰川活动也相对较少。

这里的自然环境与众不同，花岗岩四处遍布。众所周知，这是一种抗侵蚀能力很强的岩石。所以，比利牛斯山的外貌就像豪爽的男子一样粗犷苍劲。山脉东部主要由花岗岩和片麻岩构成；而在山脉西部，花岗岩山峰矗立，石灰石层层堆叠。石灰岩是喀斯特地貌的重要成分，有了它，才有喀斯特地貌的精致构造和广泛分布。

山脉的东西走向，造成气候上的巨大差异。北坡雨水丰沛，南坡则更多的是草地，比较干旱。比利牛斯山可以分为三个气候区。西部是潮湿的海洋性气候；中部是典型的大陆性气候（夏季炎热，冬季寒冷）；东部主要受地中海影响，夏季炎热，秋季多雨。中部山脉的北坡则终年被冰川覆盖。冰川沿着山顶蔓延开来，和阿尔卑斯山沉积在山谷里的冰川景象

鹿经常在常绿树林里栖息生活。春秋季节，它们会迁徙到低海拔邻近人口稠密的地方；夏天时，它们会回迁到林线的位置

对很多植物、高海拔动物或北方动物来说，湖泊、溪流、瀑布和常绿树林都是理想的栖息之所

比起岩羚来，比利牛斯岩羚羊更灵敏，也更优雅

比利牛斯山主要由坚硬的花岗岩构成，稀少的冰川运动无力磨平山脉的棱角。这些都造就了比利牛斯山粗犷原始的外表

截然不同。植物群落的分布也透露了局部小气候的不同。西部山坡上，植物更像是从中欧移民过来的；而东部山坡的植物，则具有明显的地中海特点。

保护工作在比利牛斯山两侧进行得如火如荼。在法国一侧，建立了西比利牛斯山国家公园（Western Pyrenees National Park）；而在西班牙一侧，则共有4个国家公园，分别是：比利牛斯山国家公园、上帕利亚雷斯山和阿兰谷地（Alto Pallars and Aran Valley）国家公园、奥尔德萨和佩尔迪多山（Ordesa and Mount Perdido）国家公园以及卡瓦东加（Cavadonga）国家公园。奥尔德萨公园坐落于三姊妹（Three Sisters）山脚下韦斯卡省（Huesca）的阿拉贡比利牛斯（Aragonian Pyrenees）地区。三姊妹山和佩尔迪多山是比利牛斯山系中最高的山峰。这个公园的景观以峡谷为特征，看上去有些像美国西部的感觉。西班牙的奥尔德萨公园和法国的西比利牛斯山公园相毗邻，是跨国保护的优秀典范。

由于雨水丰沛，比利牛斯山拥有异常丰富的植物种类。比利牛斯山气候差异显著：东部环境干燥，温度变化剧烈，秋季多雨；而其他地方则为海洋性气候，湿度高，温度变化也较小

阿尔卑斯山以大型湖泊闻名，而比利牛斯山则拥有更多的小湖泊

像其他山脉一样，比利牛斯山也拥有众多特有的动植物分类单元（用来给不同物种分类而设立的系统）。比利牛斯岩羚羊是这里的珍宝，它们一度走到了灭绝的边缘，如今却家族兴旺，子孙满堂。不过，比利牛斯山羊的命运却截然相反：2000年初，最后一只山羊也不幸死掉。在末次冰期的最后期，土拨鼠不见了踪迹，通过引种计划，它们才又活跃了起来。在20世纪90年代初，棕熊也濒临灭绝，于1996年被重新引种。比利牛斯鼬鼹是最显眼的小型哺乳动物，这种水生生物非常稀有，以昆虫为食，只在最北坡的河流中生活。

比利牛斯山的有些地方，是由山毛榉和银杉为主的乔木森林，葱郁茂盛、遮天蔽日；另外有很多荒原，无边无际，似乎要曼延到天边。高海拔地区，先锋植物（这些植物很健壮，并能自行播种繁衍）在岩石地和草地上扎根生长。而海拔稍低的山坡是瑞士山松的天下，山毛榉和冷杉占据了海拔900～1600米间的地盘。再往南去，同样的海拔上，则是郁郁葱葱的欧洲赤松。比利牛斯金鱼草是当地的一种特有植物，属于苦苣苔科。一般来说，苦苣苔科植物主要分布在热带地区。在欧洲，这个家族只有比利牛斯金鱼草这一个成员。

比利牛斯山拥有好几处保护区，其中最出名的便是奥尔德萨和佩尔迪多山国家公园。它是比利牛斯岩羚羊的家园，这种动物在20世纪末一度几近灭绝

法国一侧的比利牛斯山水量丰富，并且拥有很多特有的水生生物，如麝香鼠和比利牛斯布鲁克蝾螈

奥尔瓦耶塔森林生长在海拔约800米的地方，沿着伊拉蒂河岸曼延。它拥有欧洲保存最完好的冷杉林，还有大片近乎于原始森林的未开发之地

在比利牛斯山，很多大型哺乳动物都已经消失不见；不过，小型哺乳动物（如狐狸）仍然很多

22

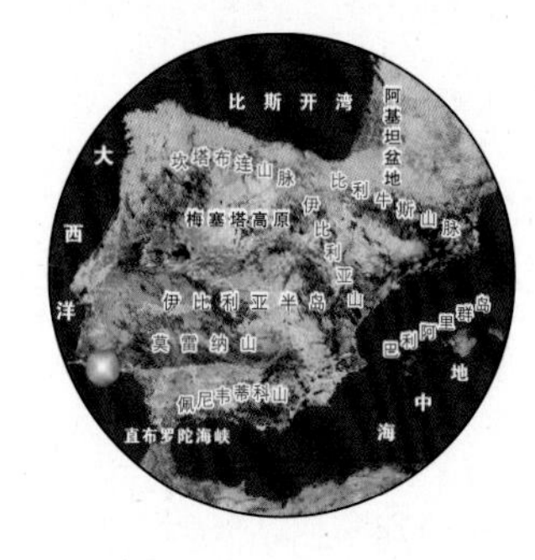

葡萄牙

The Algarve
阿尔加维

阿尔加维（Algarve）一名来源于阿拉伯语的"algharb"，意为"偏西的地方（偏西之区）"。阿尔加维地区位于葡萄牙西南部，面朝大西洋，拥有迷人的海滩和舒适的海湾，是葡萄牙最著名的旅游胜地。

在阿尔加维，一方面，企业大力推动旅游业的发展；另一方面，环保主义者则竭尽全力保护那些绝美的自然资源，并且已经创建了很多个保护区，如福莫萨国家公园（Rio Formosa Natural Park）。公园里的福莫萨河河口对自然爱好者有着巨大的吸引力。河口的生物多样性非常显著，两个不同的生态系统——淡水生态系统和海洋生态系统交汇在一起，创造出了一个复杂多变的群落过渡区（即不同生物群落间的过渡区）。这里四处遍布着沙丘、沟渠和盐沼。沙丘后面是大片的潟湖和小沙岛，盐沼则在退潮时露出水面。食物充足，盐浓度各不相同，再加上生境在一天之内变幻无常，使得河口处的生物多样性异常丰富。正因为如此，福莫萨河河口湾和阿尔加维成为欧洲与撒哈拉以南的非洲地区（sub-Saharan Africa）之间最重要的湿地之一。

得天独厚的条件吸引了不少的鸟类，其中最引

罗沙海滩是阿尔加维最著名的景点之一

阿连特茹西南和维森蒂纳海岸自然保护区总面积为74 790公顷

涉禽类沿着海岸筑巢安家，它们体态优雅、羽毛光洁，很容易就能辨认出来

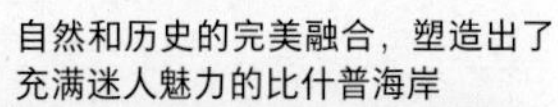

自然和历史的完美融合，塑造出了充满迷人魅力的比什普海岸

迷人的萨格里什港位于阿尔加维海岸的东部。这里充满了历史传奇，伟大的“航海者”亨利王子曾流连往返于萨格里什堡的碧水奇石之间

难以计数的游隼、大乌鸦以及其他海鸟在高耸的崖壁上筑巢安家，因此阿尔加维被正式列为“重点鸟区”

人注目的是紫青水鸡。另外，还有灰斑鸻等难以计数的涉禽（喜欢泥沼环境）、翠鸟、鸭子，以及各种猛禽类。伊比利亚猞猁曾广布整个半岛，如今它们却只能在阿尔加维找到栖身之所。在沙丘和松林间，还生活有一种爬行动物——欧洲变色龙，它们的爬行速度出奇的慢，在整个欧洲都鲜为人知。这种蜥蜴在很久以前从北非来到此地。如今，阿尔加维是它们在欧洲最后的藏身堡垒之一。

彼达迪角位于拉古什城附近，它以风和水打磨出的嶙峋怪石而闻名

23

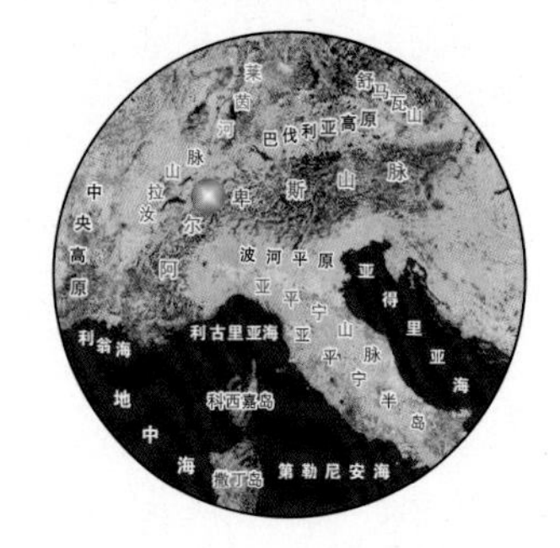

瑞士

The Jungfrau
少女峰

伯尔尼高原（Bernese Oberland）的雪峰仿佛童话世界一般，美得让人窒息。在众多皑皑雪峰中，有三颗最耀眼的明珠，它们拔地而起，海拔高度都超过了3900米。其中，最迷人、最著名的是少女峰（Jungfrau，海拔4158米），它向世人完美地展示了雄伟和秀美的融合。少女峰两侧的艾格尔山（Eiger，3970米）和门希峰（Mönch，4099米）也同样美名远扬。它们像姐妹般屹立于少女峰的两侧，似乎在提醒人们不要忘记这里的登山、探险历史。从地质学的角度看，少女峰基部由侏罗纪的石灰岩和片麻岩互层组成，上部则只有片麻岩。另外，少女峰连同艾格尔山及门希峰还是阿莱奇冰川（Aletsch Glacier）的发源地。阿莱奇冰川大约绵延24千米，这个长度在整个阿尔卑斯山居于首位。

从2001年12月13日起，阿莱奇冰川、比奇峰（Bietschhorn）和少女峰被联合国教科文组织列入了世界遗产名录。在整个阿尔卑斯山，瓦莱州（Valais，阿莱奇冰川就位于这个州内）是第一个获此殊荣的地方。不仅如此，它还将作为保护区，以其独特的、华美的景色继续吸引着一代又一代的自然爱好者。

少女峰是伯尔尼高原的第二高峰，
仅次于芬斯特拉峰

阿莱奇冰川是冰和雪筑成的天然之
路，它绵延约24千米长

20世纪30年代，阿莱奇森林自然保护区（Aletsch Forest Reserve）正式建立，自此，少女峰开始受到保护。1983年，这里被列入瑞士的自然景观名录，成为具有国家级意义的风景名胜。保护区具有阿尔卑斯山的地质历史记录：原生沉积层、阿尔山（Aar）的结晶岩山体，它们引起了科学家极大的兴趣。自然保护区内地形复杂多变，海拔从900米一直攀升到接近4200米。另外，各个区域的气候条件也截然不同，潮湿寒冷的海洋性气候和山谷内部的炎热干燥让少女峰练就了一个巨大的生物聚宝盆，其中有很多非常罕见的动植物。不幸的是，有一些动物濒临灭绝，如胡兀鹫。

自然环境的保护工作应尽力寻求一个平衡点（例如考虑景观的整体性）来达到人类与自然的和谐共存，这一工作亟不可待。

暮色把艾格尔山、门希峰和少女峰映衬得无比壮丽

土拨鼠和野山羊是少女峰同时也是
伯尔尼高原最具代表性的动物

从小沙伊德格山口可以看到少女峰和锡尔伯峰的峰顶。早在18世纪，这里便因险峻的岩壁而闻名，它们是登山爱好者的天堂

对于登山爱好者来说，门希峰、艾格尔山和少女峰是不容错过之地。这里有无数条攀登路线，但都崎岖险峻、充满挑战

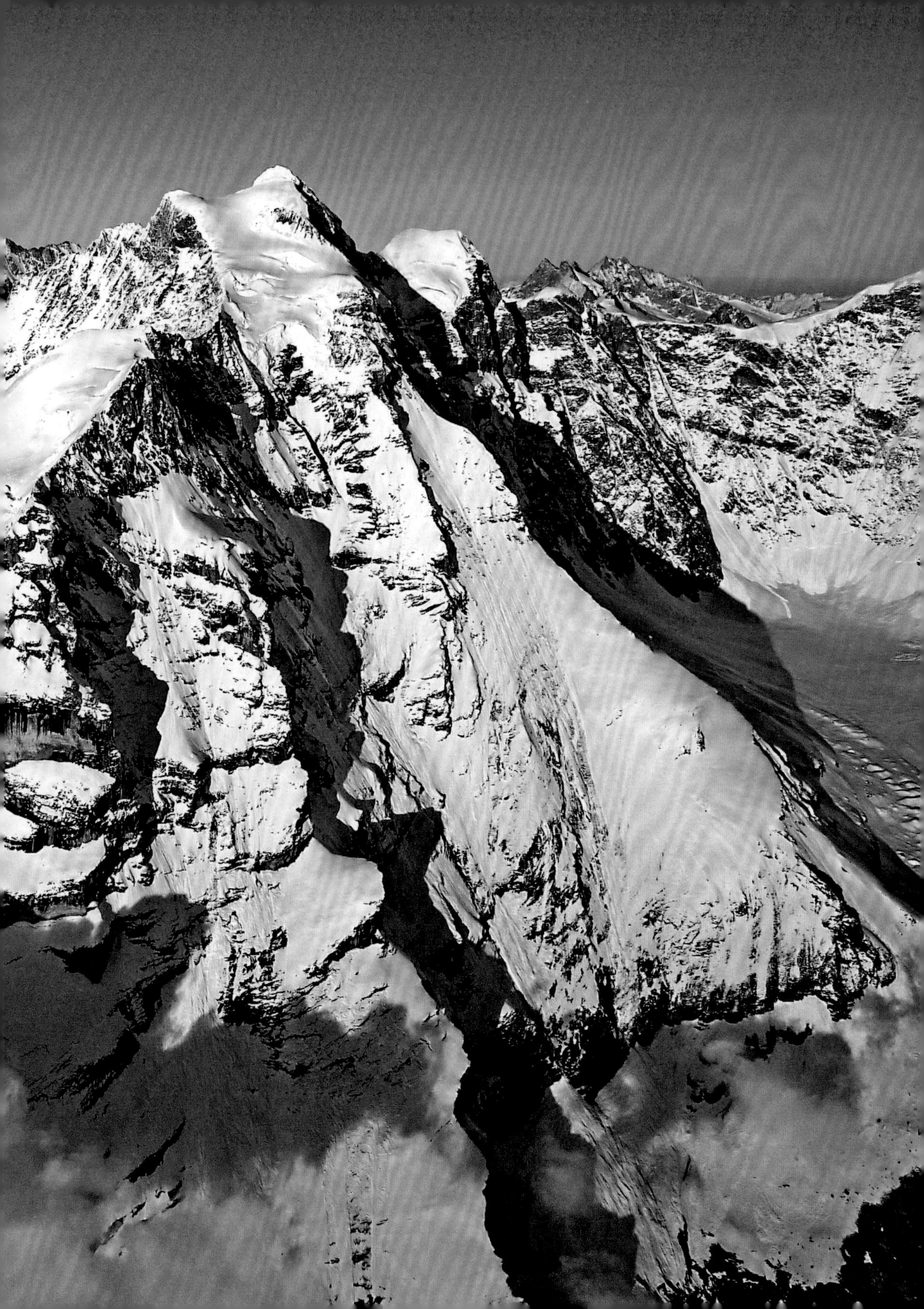

24

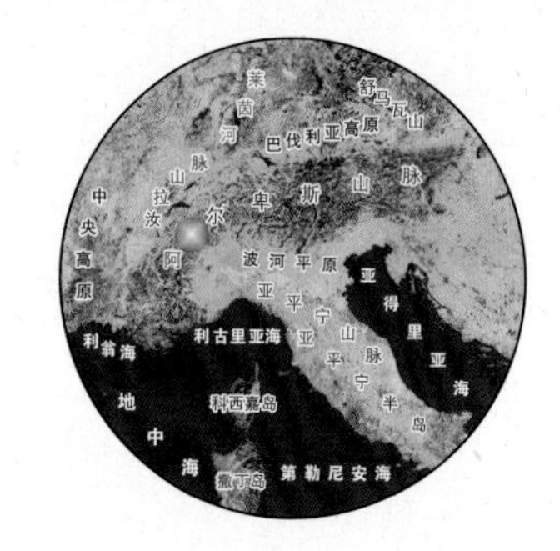

法国—意大利—瑞士

Mont Blanc
勃朗峰

勃朗峰位于法国、瑞士和意大利之间，就像一个天然的交叉口。它是阿尔卑斯山脉真正的王者。它比沙莫尼（Chamonix）高3760米，比日内瓦湖（Lake Geneva）高4435米，比海平面更是高出4807米。如果想找到比它更高的山峰，那就只能前往高加索山脉了。在勃朗峰顶，可以远眺到亚平宁山脉直至孚日山脉。峰顶宽阔广大，这里的平均温度只有零下17℃左右。在冰川的簇拥下，一座座巨大的花岗岩山峰巍峨耸立，如巨齿峰（Dent du Géant）和大若拉斯山（Grandes Jorasses）。它们孤独地屹立在巨大的冰川上，是阿尔卑斯山最具挑战性的徒步旅行和登山路线。1786年人们第一次登上勃朗峰。几百年来，它一直是意大利、法国和瑞士之间的天然屏障，只能从塞涅山口（Col de la Seigne）和费雷山口（Col Ferret）才能通往山脉的西南部和东北部。而如今，一条11千米长的隧道使得人们可以轻松穿过。另外，这里还有很多电缆车以方便游人。

不论是自然环境还是文化，勃朗峰在欧洲，甚至在世界上都是独一无二的。从自然环境的观点来看，在整个阿尔卑斯山区，勃朗峰拥有最典型的生

勃朗峰由花岗岩构成，山上遍布着尖顶、高峰，深谷中是无数的冰川

勃朗峰的峰顶完全被冰雪覆盖，足有16～23米厚

勃朗峰拥有众多冰川，其中最重要的莫过于弗勒内冰川、布伦瓦冰川、米亚日冰川、布勒亚冰川、博松冰川和冰海冰川

在库马约尔，最大的亮点是费雷山谷以及附近的韦尼山谷的冬夏之景

态系统和特有物种。另外，勃朗峰的特殊性不仅仅局限于其自然环境的价值，也同样表现在其高山历史传统上。很多欧洲以外的高山险峰都已被划入保护区或是建成国家公园，如：亚洲的珠穆朗玛峰、北美的麦金利（McKinley）山、非洲的乞力马扎罗（Kilimanjaro）山和鲁文佐里（Ruwenzori）山，以及大洋洲的查亚峰（Mt. Jaya），但勃朗峰作为“欧洲的屋脊”，作为欧洲大陆上最重要的自然遗产之一，却没有受到如此的待遇。其实，早在几年前，人们就已经提出把勃朗峰建设成公园或保护区的设想。

勃朗峰具有极为丰富的动物资源，几乎集中了阿尔卑斯山区的所有动物种属。另外，山上也同样生长着各种各样且异常罕见的植物。除了无比壮观的自然地貌之外，那些被人类传统活动所影响的高山景观也同样珍贵，如森林中的空地和零星点缀的高海拔草场。

勃朗峰还隐藏着很多尚未被破坏的原始环境，吸引着人们前去探索发现。

在整个韦尼山谷，帕特雷的黑艾吉耶山最为有名。只有一条路能通向山顶，这条路崎岖险峻，道路两侧有坚固的钢索

勃朗峰环境恶劣，冰川遍布。在整个阿尔卑斯山，再也找不到一座能与之相比的山峰了。花岗岩形成的山巅奇形怪状，来到这里的游人都被大自然的力量深深震撼

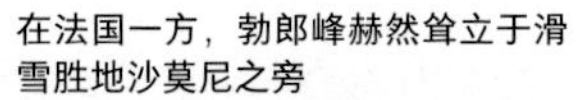

在法国一方，勃郎峰赫然耸立于滑雪胜地沙莫尼之旁

高山滑雪者在南峰将会遇到一条充满挑战的上坡路。过了这段路，就能到达勃朗峰法国一侧的北部

巨齿峰高约4014米，位于意大利和法国边界上的巨人山口和大若拉斯山之间

勃朗峰美名远扬，它高大壮观，景色无与伦比，这里的登山史也令人赞叹。在整个阿尔卑斯山，再也找不到另一个地方可以与之媲美

勃朗峰的岩石峰顶似乎要融化在浓密的云雾之中，而黎明的光影更是把山峰衬托得雄伟壮丽

25

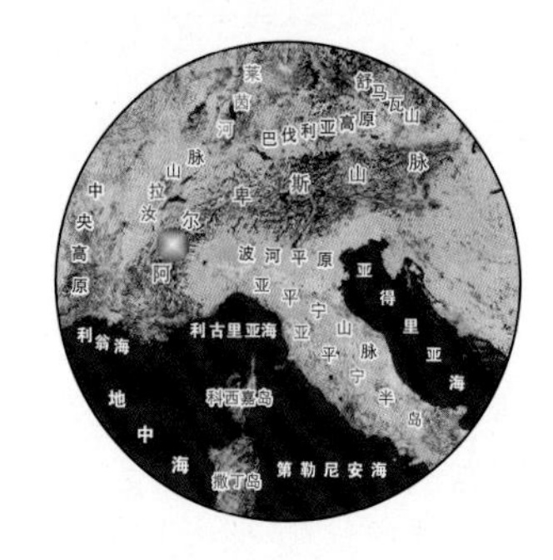

意大利—法国

The National Park of Gran Paradiso and the Vanoise

大帕拉迪索山和瓦努瓦斯国家公园

山峰、野山羊、土拨鼠、狍子、牧羊人……每个元素看似都很平常，却构成了一幅最清新最完美的画卷。不错，这就是西欧最大的自然保护区大帕拉迪索-瓦努瓦斯（Gran Paradiso-Vanoise）国家公园。这两个公园的总面积约为7万公顷，相当于美国加利福尼亚约塞米蒂国家公园（Yosemite National Park）面积的一半。为了保护这块高山地带，法国和意大利共同采取了富有远见的措施。在这块环境清新、景色迷人的土地上，既要考虑到人类居住的现实问题，也必须意识到阿尔卑斯山所具备的特殊历史意义。

冰川、河流的活动造就了大帕拉迪索-瓦努瓦斯的山脉，也刻蚀出了很多宽阔的山谷，这些山谷具有典型的高山特点。对于自然资源保护论者来说，这里具有非常重要的历史意义，他们在此实现了自己的理想。事实上，我们必须感谢意大利的国王们，因为是他们建立了大帕拉迪索山公园。19世纪，萨伏依王朝的成员们开始遏制猎杀野山羊的行为。要知道，这

大帕拉迪索山由各种不同年龄、不同成因的岩石组成，其中有片麻岩、闪长岩以及变质花岗岩

大帕拉迪索山是一道长长的屏障，它在冰川平原上拔地而起。这个规划区建立于1922年，其中包括科涅的部分区域

法国境内的大帕拉迪索山和瓦努瓦斯山天然相连，它们共同组成了欧洲最大的自然保护区

种迷人的高山生物正是因为遭到猎杀而急剧减少。更可怕的是，随着过去传统狩猎方式的消失以及更精准有力的枪炮的出现，狩猎行为变得更加具有破坏性，而这种有蹄类生物也惨遭灭顶之灾。在整个意大利，野山羊的数量曾少于100只。不过，幸好这里从狩猎区变成了国家公园，野山羊才又缓慢地重新生活在山上。如今，它们的数量已经达到了约1500只。大约30年前，大帕拉迪索山的野山羊也开始被引种到其他高山地区，它们对整个山区野山羊数量的恢复做出了巨大的贡献。

在保护高山食草动物方面，大帕拉迪索–瓦努瓦斯公园同样做出了艰苦卓绝的努力。山上不仅仅是野山羊的天堂，岩羚羊家族也欣欣向荣。不过岩羚羊的数目虽然很多，却很难看到，因为它们的生活习性比较孤僻。要知道，并不是所有的动物都能像野山羊那样幸运。在一百多年前，狼、猞猁、北欧雷鸟还曾经是这里的主人，现在都已经消失不见了。不过，胡兀鹫（人们以为在20世纪初已经灭绝的物种）如今却又重新入住到阿尔卑斯山。这都要感谢由大帕拉迪索国家公园发起的一项国际性的引种计划。猞猁也是如此，在过去几年里，这种神秘的捕猎者又重新返回到保护区内。

野山羊是公园里最耀眼的明星。以前，这种有蹄类生物濒临灭绝，数量只有90多只。现如今，它们家族兴旺，数量众多

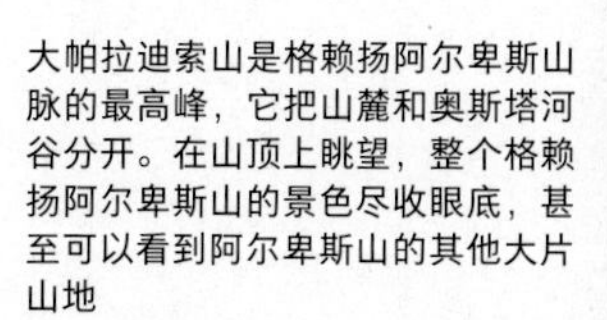

大帕拉迪索山是格赖扬阿尔卑斯山脉的最高峰，它把山麓和奥斯塔河谷分开。在山顶上眺望，整个格赖扬阿尔卑斯山的景色尽收眼底，甚至可以看到阿尔卑斯山的其他大片山地

大帕拉迪索山，尤其是瓦尔农泰山谷，陡峭险峻，富于变化，山中衍生出很多无比壮观的瀑布

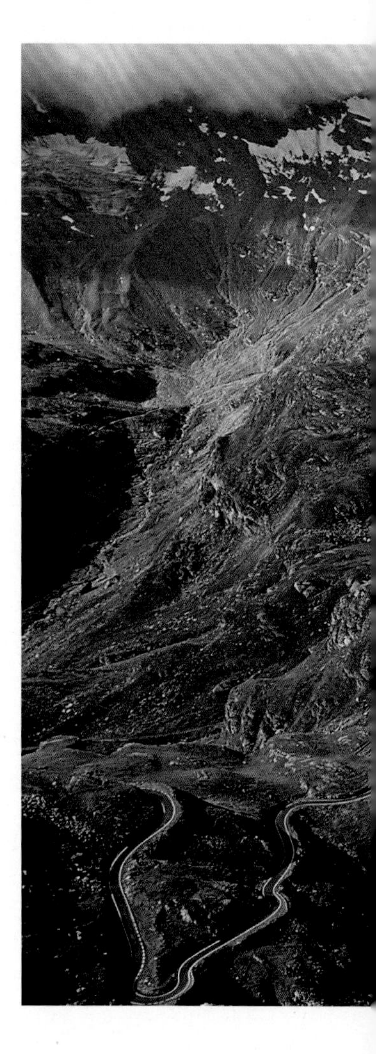

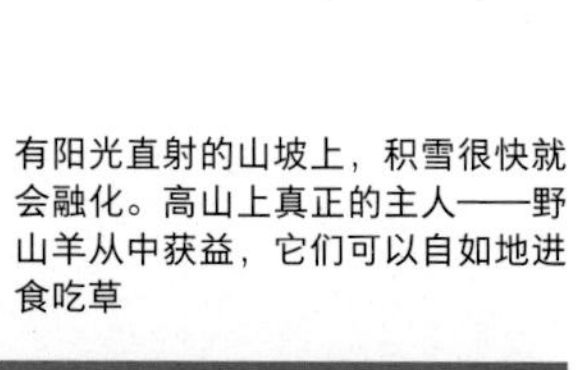

有阳光直射的山坡上，积雪很快就会融化。高山上真正的主人——野山羊从中获益，它们可以自如地进食吃草

塞鲁湖是大帕拉迪索山最有名的湖泊之一

狐狸并不是典型的高山动物，但它们具有很强的适应能力，能够充分利用大帕拉迪索山的营养物质

夏天的公园低地里，花儿不约而同地突然开放，把这里装点得生机盎然

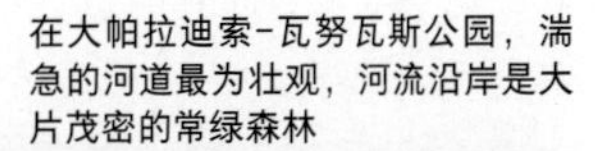

在大帕拉迪索-瓦努瓦斯公园，湍急的河道最为壮观，河流沿岸是大片茂密的常绿森林

在瓦努瓦斯山的莫纳尔村，你可以尽情欣赏普里山的美景

26

意大利

The Dolomites 多洛米蒂山

对于很多登山爱好者和旅行者（无论他们来自哪个国家）来说，世界上最美丽的山脉当属多洛米蒂山。如果“最美丽的”这个词语有些模糊、指向不明，可以这样说：无论是自然景色还是生态环境，多洛米蒂山都堪称最罕见、最独特的山脉。这里的山峰直插云霄，海拔高达3000米。黄昏时分，山峦先是披上一层粉红色，逐渐又变为暗红色，就像娇羞的女子般妩媚动人。而法国的建筑师勒·柯布西耶（Le Corbusier）更是把多洛米蒂山定格为全世界最迷人的建筑作品：水和风两位“建筑师”用自己独特的方式来修建这些山脉，把它们打造得更像是天然的金字塔或者哥特式的大教堂。

多洛米蒂山的英语惯用名为“Dolomites”，来源于一种岩石的名称“dolomite”，即白云岩。这种钙质岩石是多洛米蒂山的基本组成部分。而“dolomite”则来自法国地质学家德奥达·德·多洛米厄（Déodat de Dolomieu）的姓氏，正是这位科学家发现了白云岩的化学成分——碳酸钙和镁，再加上不同含量的方解石。这些化学成分使得白云岩有别于其他岩石。至于多洛米蒂山的成因，要回溯到古地中海时期。那时的古地中海是一片温暖的热带型海域，

布伦塔 · 多洛米蒂山的顶部有明显的沉积纹层，它们是海洋腔肠动物活动的证据

每至破晓、日落时分，多洛米蒂山光影幻化，色彩迷离，这幅景象被称为“阿尔卑斯之光”

加尔代纳山谷和巴迪亚山谷由加尔代纳山口连通

托萨峰是布伦塔 · 多洛米蒂山的最高峰

卡蒂纳乔山群包括：瓦约莱特山、卡蒂纳乔·安泰尔莫亚山、卡蒂纳乔山、劳里诺山、达沃伊山、加尔代恰山、科戈洛·迪·拉尔塞克山、劳萨山、斯卡列雷特山、波佩山、马萨雷山和莫利尼翁山

其中珊瑚礁的分布范围已经到达今天的意大利北部一带。微型腔肠动物在这里积累成厚厚的碳酸钙层，从而构筑起许多环礁、暗礁。这种过程跟现在全世界热带地区出现的情况一模一样。当非洲板块跟欧洲板块相互碰撞之际，两大板块的边缘部分被迫抬升。阿尔卑斯山以及多洛米蒂山就是在这种抬升里逐渐形成的。其中包含的钙质珊瑚随之裸露，不断遭到侵蚀，于是在其他因素的配合下，导致了大量喀斯特现象（洞穴、廊道、暗河等）的形成。

如果把多洛米蒂山的边界临摹下来，会是一个自然的多边形，每一边都长约74千米。它东濒皮亚韦河（Piave River）峡谷，西临阿迪杰河（Adige River）峡谷，南接奥地利边境，北边则以贝卢诺（Belluno）和特伦托（Trento）之间的一条虚拟线为界。

多洛米蒂山最著名的是地质地貌景观，不过当地丰富多样的动植物种类也绝不容忽视。这里的动物具有典型的东部阿尔卑斯山的特点。在有蹄类动物中，岩羚羊、狍子和鹿最引人注目，而且现在鹿的数量正在持续增长。在贝卢诺·多洛米蒂山区域，欧洲盘羊数量众多。其实，这种动物并不是阿尔卑斯山的本土动物，它们是1971年才从撒丁岛引进的。另

萨索伦戈山是加尔代纳山谷的标志

外，在多洛米蒂山还生活着很多鼬属动物，其中有貂、貂鼠、石貂和臭鼬等。此外，还有很多啮齿类动物、兔类动物和食虫动物。不过可惜的是，这里至今仍然没有大型食肉动物的身影，因为它们早在过去几百年里被集中捕杀掉了。比起动物来，多洛米蒂山的植物也毫不逊色。1500多种植物把牧场和林地渲染得生机勃勃。在整个意大利境内，共生长有120种兰花，而在多洛米蒂山就能发现50种左右。其中，分布海拔最高的是高山红门兰；而花径最大并且最迷人的则是杓兰，这种惹人疼爱的精灵喜欢生长在冰碛石和泥石流堆积物的边缘。

如今，在多洛米蒂山很多具有重要自然环境的地方都设立了保护区。如在博尔扎诺省（Bolzano）就有5处保护区：希利亚尔/施莱尔恩山（Sciliar/Schlern），奥德莱/盖斯勒（Odle/Geisler），法内斯-塞内斯-布拉耶斯（Fànes-Sennes-Bràies），塞斯托·多洛米蒂山（Sextner Dolomites）和泰萨群山（Tessa Group）；在贝卢诺省则共有3处：贝卢诺·多洛米蒂山，安佩佐·多洛米蒂山（Ampezzo Dolomites）和托瓦内拉（Tovanella），索马迪达（Somadida）和孔西利奥（Consiglio）；在特伦托省也有3处：帕内韦焦-圣马丁诺山（Paneveggio-Pale di San Martino），斯泰尔维奥（Stelvio）和阿达梅洛布伦塔（Adamellobrenta）；而在弗留利地区（Friuli）共有2处：弗留利·多洛米蒂山和普雷斯库丁（Prescudin）。

拉瓦雷多山虽然号称“三峰山”，其实它共有6个山峰，分别是：西拉瓦雷多山、大拉瓦雷多山、小拉瓦雷多山、弗里达山、皮科利西马山和米诺尔山

对于登山爱好者来说，拉瓦雷多山的“三峰”是意大利多洛米蒂山的象征。它们以紧凑、和谐的队列，从塞斯托拔地而起，闪现出瑰丽的色彩与身影

27

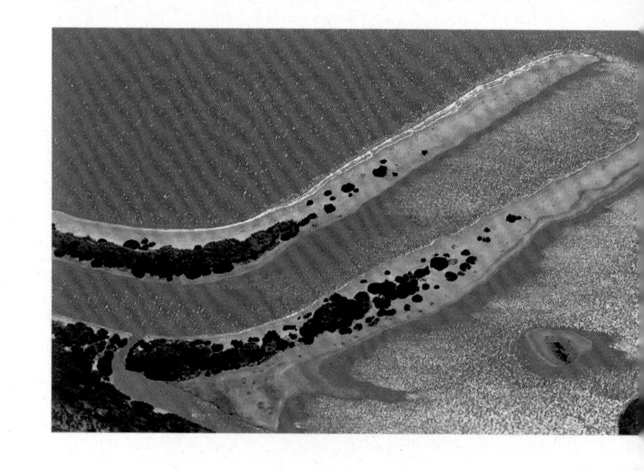

意大利

The Po River Delta
波河三角洲

波河三角洲一带拥有很多个生态系统，动植物种类数不胜数。另外，当地人类传统活动的氛围也相当浓郁。三角洲丰富的野生生物来源于它的生物多样性和显著的生态异质性。很多种鸟儿来到欧洲，都选择在波河三角洲安营扎寨，其中有一些非常吸引眼球：欧洲仅有的小鸬鹚群体在这里聚集嬉戏；一对对的小凤头燕鸥夫妻也在波河三角洲安家生活；另外，壮观的火烈鸟群还能让你享受到前所未有的视觉冲击。为了确保三角洲的健康发展，人们先后建立了两个区域性的公园：1988年建立了罗马涅地区（Romagna）公园，1997年建立了威尼托区（Veneto）公园。

就像卡马圭和多瑙河三角洲一样，波河三角洲也是自然环境和人类活动的汇合点，这里忽而是纯自然或重新自然化的地方，忽而是受人类主宰、人类活动痕迹明显的区域。因此，要管理好三角洲，就必须做到统筹规划：既要保护好自然环境，也要顾及人类的发展。在波河三角洲，植物能够很好地适应沙滩、沙丘或者湿地上的生活。然而，对于任何可能对它们造成威胁的人类发展规划，它们会表现出极其强烈的敏感性，无论是在咸水湖，还是在淡水湿地。

人类在波河三角洲一带的住宅区规模庞大，但

波河三角洲的岸边，渔民构建了一栋栋高桩木屋

多亏千百年来的排水设施，得以从连片水面里营造出条条水渠与圩田，共同构成这样一个“迷宫”，波河三角洲也借此形成

波河三角洲水道和陆地交错组成，这是河水长期冲刷的结果

五月，小苇鳽开始在芦苇地里筑巢搭窝，芦苇地成排地分布在波河三角洲的沟渠旁

交配季节里，两只雄性野鸡在竞飞比赛

雄性绿头鸭的羽毛颜色亮丽有光泽，头部深绿色，胸部泛红，嘴巴呈黄色

没有影响到这里数量众多的河床。这里河床九曲连环，其间密布着很多个小岛屿；在河流的排水口，一个个沙丘、咸水湖和淡水湿地此起彼伏；这里还有古沙洲、已经石化的沙丘和古河床。所有环境中都有丰富多样的植物类型，人们在研究和保护植物工作方面取得了大量的成果。另外，三角洲还因遗留下来的古树林和海岸边的松树林而名扬天下。

在整个波河三角洲公园，最有价值的“资产”是其丰富的动物资源，仅登录在册的脊椎动物就有460多种，尤其是鸟类，具有非常高的科考价值。在过去几十年里，已经识别的鸟类就有300多种，其中至少有150种在这里筑巢安家，有180多种在三角洲过冬。另外，还有一些鸟儿非常罕见，尤其应该受到重视，无论它们是候鸟还是留鸟。总的来说，正是因为这极为丰富的鸟类资源，波河三角洲公园才成为意大利乃至欧洲最为重要的鸟类学研究区域之一。

黄池鹭喜欢在沼泽地生活，靠捕捉小鱼、两栖动物和水生无脊椎动物为生

苍鹭以宽大的翅展而著名，一只成年苍鹭的翅展可达1.8米宽

28

意大利

The National Park of the Sibylline Mountains
锡比利尼山国家公园

世界的有些地方总是笼罩着神秘的气氛，例如锡比利尼山（Sibylline Mountains）。自从1933年被划为国家公园进行保护后，它便一直和各种各样的传说纠缠不清。其中一个和大名鼎鼎的女预言家西比尔（Sibyl，按意大利语应为Sibylla，音译锡比拉，正是因为她，大山才有了这个名字——译者注）有关。不幸的是，传说中她居住过的洞穴在前几年因为山崩被封住了。而另外一个传说则和皮拉托湖（Pilate's Lake）有关。据说，卷入到基督审讯中的罗马总督的遗体就安放在这里。

实际上，锡比利尼山是因其独特的自然环境而闻名的，它是整个亚平宁山脉最有价值的保护区之一。整个山系延伸至意大利中部，最高峰为韦托雷山（Vettore Mountains），海拔2746米。韦托雷山起源于古地中海长期的沉积以及随后的造山运动，也就是说，韦托雷山是在那时诞生的。之后在第四纪，冰川一次次地侵蚀亚平宁山脉，在U形山谷里留下了大量痕迹，如韦托雷山和博韦山（Bove Mountains）的山谷、安布罗山谷（Ambro Valley）上游段和泰拉山谷（Val di Tela），至今冰川痕迹仍然清晰可见。另

在海拔900～1800米，生长着大片山毛榉林

潘塔尼平原上有好几个水塘。过去，这些水塘曾经共同是一个湖泊

锡比利尼山有很多洞穴、水平巷道和其他喀斯特现象，这都要归因于其丰富的碳酸钙成分

暮春时节，山花怒放，平原变成了一片绚丽的花海

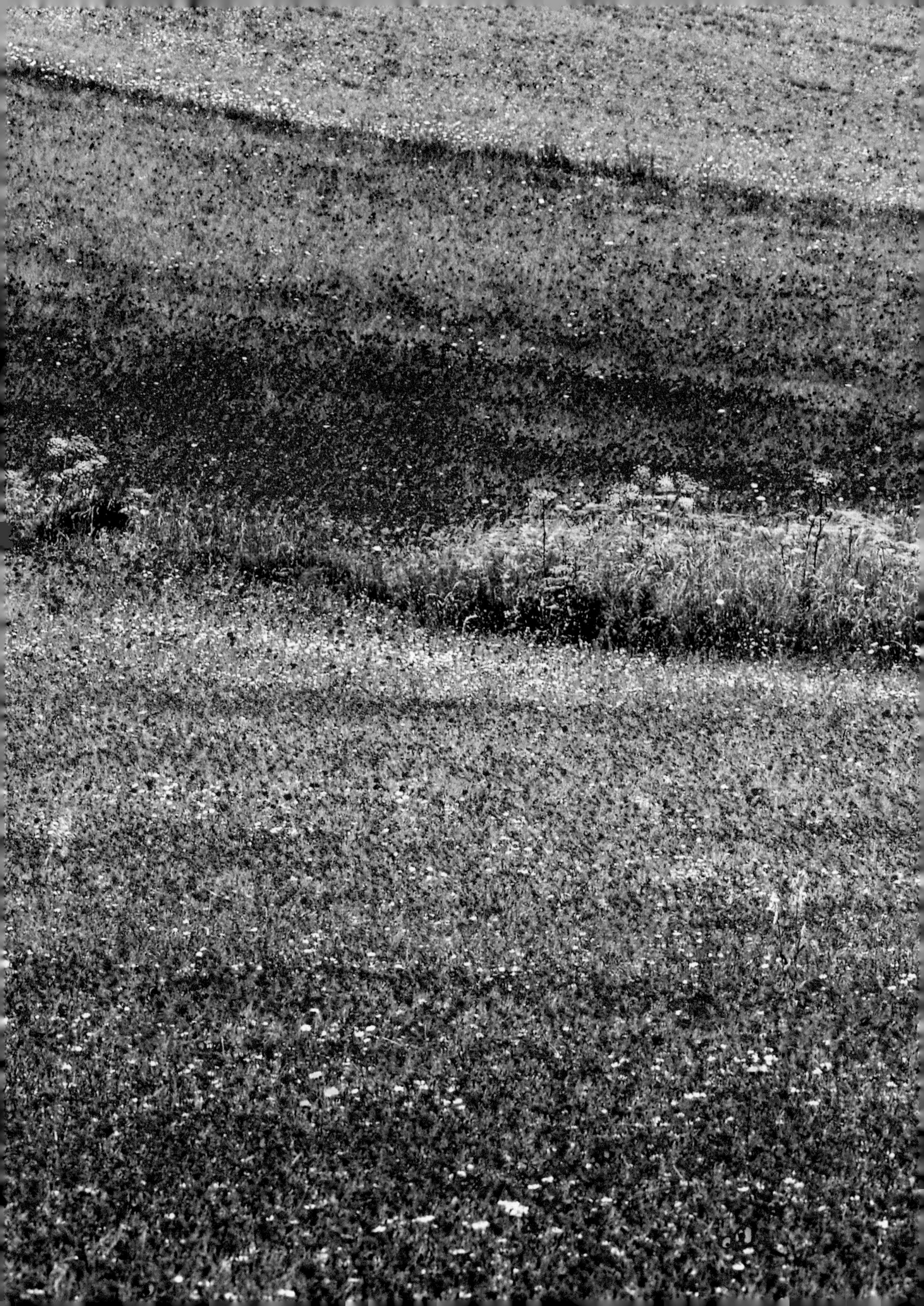

皮拉托湖是整个锡比利尼山最引人入胜的地方之一。全世界仅有的马尔凯索尼丰年虫种群就生活在这里。这种水生甲壳类动物体型小，呈亮红色，夏天时居住在湖水里。它们的卵能熬过寒冬，在第二年自行孵化

外，锡比利尼山的碳酸钙形成了巨大的喀斯特地层，那里拥有不计其数的洞穴和落水洞。在喀斯特地层中，最为有趣的是诺尔恰泉（Norcia），泉水滋养着亚平宁草地。这些草地被称作“水草地”，因为一年四季中即使是冬天，也是一幅水流不断的景象。

山峰顶部是锡比利尼山国家公园的中心地带，也是游客量最多的地方，包括拉戈山（Cima de Lago，2422米）、迪亚沃洛峰（Pizzo del Diavolo，2410米）、雷登托雷山（Cima del Redentore，2448米）和韦托雷山（2746米）。皮拉托湖就安静地躺在拉戈山上，湖泊的对面是迪亚沃洛峰的东坡。

在锡比利尼山的野生生物中，最有趣的是一些小型水生甲壳类动物，它们在世界上都堪称独一无二，如马尔凯索尼丰年虫。这种生物很有代表性，红色，形状类似虾，居住在皮拉托湖（海拔1940米）里。它们在1954年由卡梅里诺大学植物教研室的主任马尔凯索尼教授（Professor Marchesoni）发现。马尔凯索尼丰年虫只能在皮拉托湖生存（干旱季节湖水干涸，湖泊变成两个相连的水塘）。更令人惊奇的是，它们的系统发生学、生物地理学竟然和亚洲大陆的分类单元关系甚密。整个皮拉托湖区都具有非常重要的环境意义，那里生活着不同的高海拔植物，如山仙女木、雪绒花、皮林罂粟花等，它们一般都沿着冰碛石生长。

在锡比利尼山，动物资源极为丰富。丰年虫属的动物和鸟儿的种类非常多，猛禽类更是数不胜数，它们是亚平宁山脉的典型物种。这里的哺乳动物主要有狼、狍子、豪猪、野猫等。另外，还有很多啮齿类动物和食虫动物。在食虫动物中，仅被分类的（蝴蝶和蛾）就有700种。这里还有一些特有的布甲虫，它们只能在韦托雷山上才能生存。爬行动物家族有奥尔西尼的蝰蛇，它们主要生活在意大利中部的一些山上，如阿布鲁齐（Abruzzi）的大萨索山（Gran Sasso）。

锡比利尼山的植物也具有典型的亚平宁山脉特点。在900米的高度主要是混合落叶林；在海拔900米到1800米之间，山毛榉林遮天蔽日；而在更高的区域，草地绵延不绝，其中生长有矮小的杜鹃灌丛。

春天，亚平宁山脉依然银装素裹，
而平原上刚刚绽放的花朵清新怡人

梅尔加尼沟的最前端是一片浅凹地，整条沟里的水都注入这个浅水坑，沟渠里的水主要来自雨水和消融的雪水

在翁布里亚地区，喀斯特现象非常普遍，尤其是在梅尔加尼沟。在那里，侵蚀山谷和落水坑形状各异，有漏斗形的、扁平的、碗状的……真是千姿百态

29

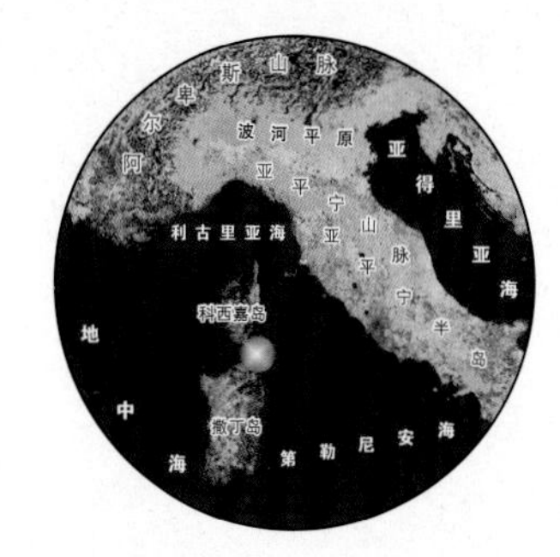

意大利

The National Park of the Maddalena Archipelago
马达莱纳群岛国家公园

马达莱纳群岛位于撒丁岛和科西嘉岛之间，以独特的地质构造和优美的自然环境而著称。它深处茫茫大海之中，时常遭受到来自西北方麦斯楚风的席卷。马达莱纳群岛和同名的国家公园约有60个大小不同的岛屿，这里的海水如水晶般湛蓝透明，景观如画般令人心醉，生物群落（指不同的生物群体在同一个地方共同生活，并为了生存而相互竞争）独一无二。马达莱纳群岛的对面是拉维齐群岛，中间隔着博尼法乔海峡的入海口。拉维齐群岛虽然属于科西嘉岛，但从地理上说，它却和马达莱纳群岛的关系更为紧密，这两个群岛在地貌和景观方面也有很多相似之处。

马达莱纳群岛共有7个岛屿，从大到小依次为：马达莱纳岛（Maddalena）、卡普雷拉岛（Caprera）、圣斯特凡诺岛（Santo Stefano）、斯帕吉岛（Spargi）、布代利岛（Budelli）、拉佐利岛（Razzoli）以及圣玛丽亚岛（Santa Maria）。其中，只有马达莱纳岛上有人居住，其他的岛屿都一片荒凉，渺无人烟，它们原始而纯洁，就像大自然留下来的一片净土。群岛上植物种类丰富多样（共有700多

马达莱纳群岛由撒丁岛东北的一批岛屿组成，靠近所谓的“祖母绿海岸”

马达莱纳群岛的海岸犬牙交错，倒映在蓝宝石般的海水里

布代利岛的粉红沙滩是马达莱纳群岛最著名的景点之一

花岗岩崖壁屹立在卡普雷拉岛的北部和东部海岸，它们阻挡着游人前进的脚步

切卡迪莫尔托海峡把布代利岛和它以北的拉佐利岛、圣玛丽亚岛分隔开来

种），很多都是当地特有的，而且十分罕见，其中绒毛蝇子草、科西嘉番红花、白星海芋和樱桃橘属植物最引人瞩目。除此之外，还有几种非常有趣的植物被列入了欧洲原生地物种名录（European Habitat Directive）中，如红花锁阳和尖刺海石竹。

撒丁岛和科西嘉岛有很多土生土长的爬行动物，其中一些具有很重要的价值，如两种蜥蜴：贝氏沙蜥和菲氏草蜥。另外一些稀有物种，不论是在当地还是在世界范围内，其生存都面临着极大的威胁，如欧洲叶趾壁虎和陆地龟。岛上的鸟类很有代表性，地中海鸥（唯一原产于地中海的海鸥类）和绿鸬鹚的地中海亚种铺天盖地，数不胜数。这两种鸟在保护区的数量分别占世界总量的10%和30%。另外，大约有1800对猛鹱在群岛上栖息，其数量占整个地中海猛鹱总数量的30%。在马达莱纳群岛的海洋无脊椎动物中，最重要的要属铁锈笠螺了，这种腹足类软体动物非常罕见，正濒临灭绝，如今只能在地中海西部的一些小岛上才能看到它们的身影。而在马达莱纳群岛，它们主要生活在一些空旷的环境中，如斯帕吉岛、拉佐利岛、布代利岛、莫纳奇岛（Monaci）以北和以西的一些海角上。现在，铁锈笠螺已被严格保护起来，并被列入记录濒危物种的《红色名录》中。

斯帕吉岛是群岛中的第三大岛，水资源特别丰富

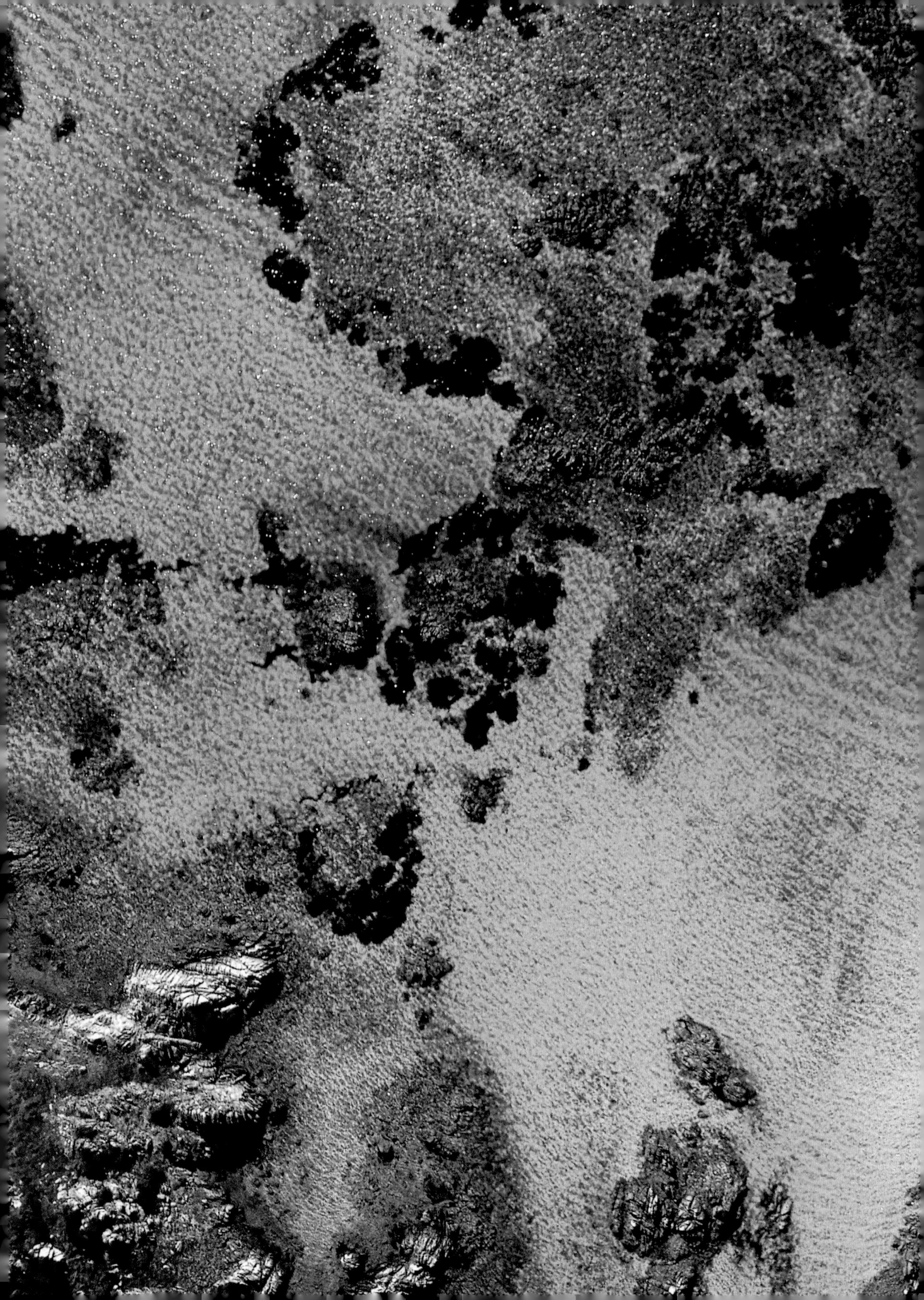

巨大的花岗岩块体经受了长时间风雨的洗礼之后，终于形成了马达莱纳群岛。这些被风雨侵蚀的花岗岩也被称为风化穴

30

意大利

The Lipari Islands
利帕里群岛

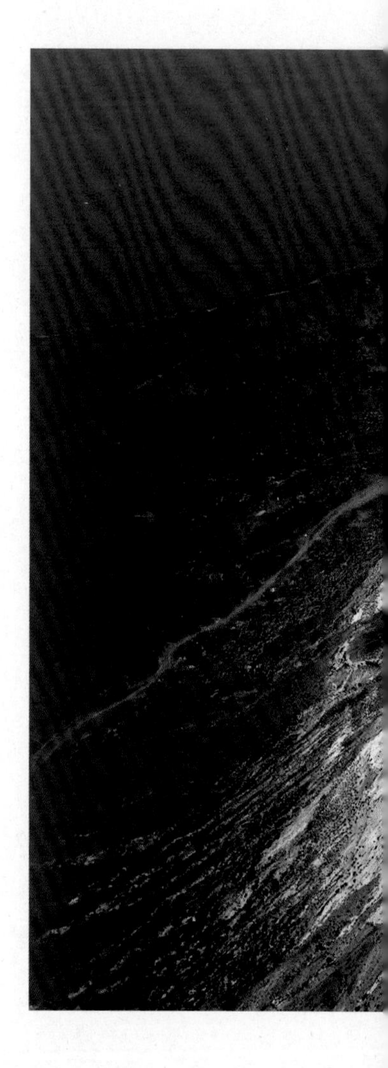

利帕里群岛形成于火山爆发。根据火山学家最近一次的年龄测定实验，利帕里群岛形成于50万年前的一次火山活动。这个迷人的群岛共由7个不同大小的岛屿组成，分别是：利帕里岛（Lipari）、帕纳雷阿岛（Panarea）、武尔卡诺岛（Vulcano）、斯特龙博利岛（Stromboli）、阿利库迪岛（Alicudi）、菲利库迪岛（Filicudi）和萨利纳岛（Salina）。这些岛屿无论从形态还是成因方面都为当今世界的火山学研究提供了一个现实的进化模型。今天，只有斯特龙博利岛和武尔卡诺岛上的火山依然活跃；在帕纳雷阿岛和利帕里岛上，存在有地热活动和火山的喷气孔；而在阿利库迪岛、菲利库迪岛和萨利纳岛上，火山内部的活动早已停止。

从生物学的角度来看，利帕里群岛上的动植物源于自然传播过程。在最近的7000年间，在岛上生活的人们引进了大量的动植物，他们不知不觉地参与到了岛屿的进化过程中。

利帕里群岛上的植被是典型的地中海灌木，这是几千年来人类和自然互动的结果。岛上分布广泛的植物主要有桃金娘科的植物、岩玫瑰、欧石楠和夹竹桃。而人类居住的地方则布满了成片的油橄榄林和葡萄庄园。至于灌木和先锋植物，更是遍布四处。有一

武尔卡诺岛位于利帕里群岛的最南端

利帕里岛是群岛中面积最大的岛屿，它生成于火山爆发。无数次的火山喷发和漫长的休眠塑造了它今天的容颜

斯特龙博利岛由一个火山形成，这个火山至今仍然活跃，不过它的喷发很少会对人类产生威胁

地中海灌木遍布整个利帕里群岛，有一些特有物种具有很高的价值，如伊奥利亚金雀花和岩地肤

福萨费尔奇山海拔774米，是菲利库迪岛的最高点。在古代，菲利库迪岛因海枣（蕨类植物）而闻名，至今岛上仍能找到低矮的棕榈类植物曾经存在过的直接证据

些植物非常喜欢利帕里火山的斜坡环境，不过只有一部分先锋灌木才能在那里扎根生活。在先锋植物中，分布最广的是第勒尼安金雀花，这种豆类植物为利帕里岛和帕纳雷阿岛的地区性物种。在五六月间，到处都是盛开的亮黄色小花，把斯特龙博利岛的高地装扮得异常耀眼。

在迁徙季节，很多候鸟都途经群岛并在岛上休息。巢居的非候鸟类主要有猛鹱、小鹱，猛禽则有秃鹰类和茶隼。在猎鹰类中，特别值得一提的是埃莉氏隼，它们成群结队地住在岛屿西部的崖壁上。

在群岛的陆生脊椎动物中，有一种动物行踪诡秘，很难被人们看到，它们是花园睡鼠的亚种，是利帕里岛的特有物种。在一些面积稍小的岛屿上，生活着一种土生土长的利帕里蜥蜴，这种蜥蜴比群岛上其他种类的颜色要更深一些。爬行动物学家曾为此开展过一项研究。在过去，利帕里蜥蜴也在其他岛屿上生活，然而在与意大利壁蜥的生存竞争中，它们惨遭失败，从此被驱逐出境。意大利壁蜥是另外一个种，至今仍生活在群岛上。利帕里群岛上没有毒蛇，只有一种无害的西方鞭蛇，属于游蛇属。另外，还有两种壁虎在群岛上也很常见，经常能在房屋的墙壁上看到它们的身影，分别是鳄鱼守宫和地中海壁虎。

帕纳雷阿岛和一些小岛（巴西卢佐岛、斯皮纳佐拉、利斯卡比安卡、达蒂洛、博塔罗、利斯卡内拉、帕纳雷利和福尔米凯）共同形成了一个小群岛，位于利帕里岛和斯特龙博利岛之间

利帕里岛的植被主要由地中海植物构成，其中有夹竹桃、岩玫瑰、金雀花和一些芳香树种，如油橄榄和葡萄树

武尔卡诺岛的自然环境和地貌景观几乎没有受到人类活动的影响。岛上一共有4个火山口，说明岛屿形成于火山爆发，其中最大的是武尔卡诺火山口

斯特龙博利岛上的火山锥整个看来坡度平缓，但也不乏非常陡峭的斜坡。火山锥的喷发活动很有特点，被称作“斯特龙博利式”，特点是有大量气体和中低黏度的岩浆

31

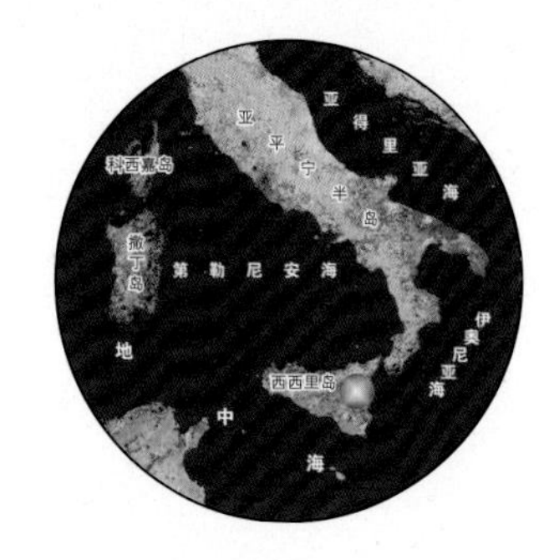

意大利

Mount Etna
埃特纳山

埃特纳山海拔约3323米，是欧洲最高的活火山。它的另一个赫赫大名是蒙吉贝洛（Mongibello），后者源于拉丁语的“mons”和阿拉伯语的“gebel”，两个词都是“山”的意思。1987年，埃特纳山一带建立了自然保护区，目的是保护当地的野生生物和火山周围的自然环境。实际上，因为埃特纳山在欧洲独一无二的地位，早在20世纪60年代初，一些环保主义者就提出要把这里建设成保护区。只是接下来的过程十分艰难，最终到20世纪80年代才完成。

面对埃特纳山的美丽，任何词藻都会黯然失色。熔岩喷发不停地改变火山的容貌，这里的景色和自然环境一直都令人心驰神往。有一些地方隐藏着神秘的洞穴，洞穴和地下通道里流淌着熔岩。这些洞穴、地下通道是埃特纳山地质成因的最好证据。洞穴里的生物多样性极为丰富，世界上能与之相媲美的地方凤毛麟角。

埃特纳山的动物种类繁多。不幸的是，这里的大型捕食动物，如狼和猞猁等，都已经消失不见。这都要归咎于这个地区的公路建设，其目的是为了方便游人能够到达埃特纳山的中心地带。幸而小型和中型动物的种类丰富多样，说明当地的野生生物还是具有

埃特纳山是欧洲最高的活火山，底部直径达40多千米。火山经常喷发，喷发时间少则几天，多则数月，因此，埃特纳山总是处于变化之中

埃特纳山的美丽绝不只在其喷发瞬间的壮观，它周围的环境、火山口旁的地貌景观也堪称独一无二

冬天里，厚厚的积雪完全覆盖了埃特纳山

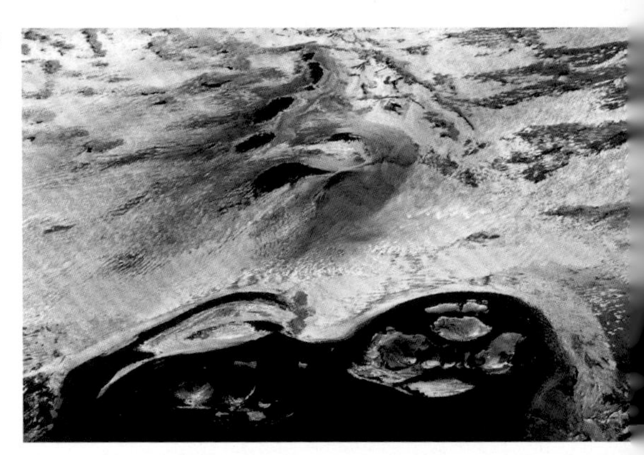

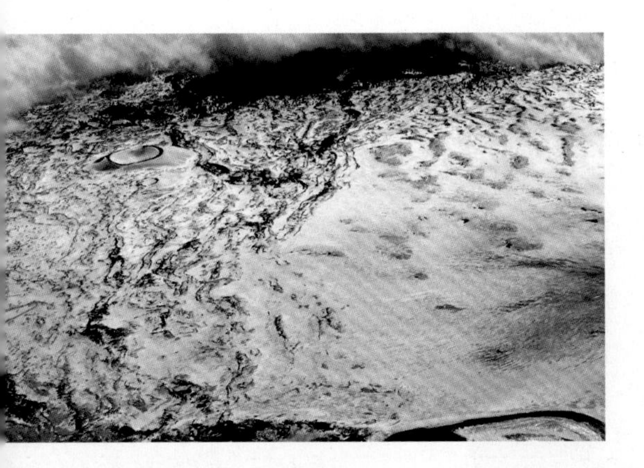

极为宝贵的价值。当地的哺乳动物主要有貂鼠、豪猪以及很多啮齿类动物和食虫动物。

埃特纳山有很多未被污染的处女地，它们吸引了很多鸟类（尤其是猛禽类）在此栖息。除了动物之外，当地的植被也非常值得一提。这里有些地方以前曾有过熔岩流，而有些地方则是最近才开始流淌熔岩。在刚有熔岩流的区域，可以看到一些新长出来的地衣和一些非常适合空旷环境的多肉植物；有时还能碰到紫云英属的植物，它们的外形和欧石楠有几分相像，是其他植物和小型动物的天然遮阴伞。在曾经有过熔岩流的地方，甚至能生长桦树。要知道，桦树这种植物对环境的要求非常严格。最终，所有的熔岩流都将变成回忆，变成历史，茂盛的植物会重新占领地盘。在埃特纳山，由于小环境适宜，山毛榉林能够在它们所能承受的最南极限地区生活。

埃特纳山仍然非常活跃，终年都有大量的烟雾从火山口和两旁的火山锥喷出

埃特纳山的喷发为斯特龙博利式，很少会出现大量熔岩喷涌的现象。从地质学的角度来讲，埃特纳山的喷发历史还很短暂，仅仅经历了70万年。在这期间，火山喷发已经历了很多阶段，其特点是喷流和爆炸交替进行

埃特纳山屹立于地中海之上，足有3323米高，是欧洲最活跃的地震系统之一。喷发时，熔岩被强大的力量挤压出去，沿着山体流淌，就像一条条熔岩河流

岩浆流在火山岩之间热烈地奔腾。一旦固化，周遭环境会变得贫瘠荒芜，很少有植物能够适应这种环境

32

马耳他

The Maltese Archipelago
马耳他群岛

马耳他群岛位于地中海，包括马耳他岛（Malta，群岛中最大的岛屿）、戈佐岛（Gozo）、科米诺岛（Comino）和科米尼托岛（Cominetto）。马耳他的魅力独一无二，主要表现在两方面：首先，群岛的地理位置很独特，它位于地中海中部，自古就吸引着来自世界各地的人们。很久以前，腓尼基人在此建立了深厚的文化基础。此后，阿拉伯人、意大利人以及英国人先后到达这里，并带来各自的文化传统。各种文化融合发展，最终孕育出了独特的马耳他文明。马耳他文明是地中海重要的文明之一，而拥有几千年历史的马耳他也成为文明古国。其次，马耳他拥有无与伦比的景观和与众不同的自然环境。

夏天里，游客们一踏上马耳他群岛，干燥的空气便扑面而来，周围似乎被烤焦了一样，这都要归因于岛上极为典型的地中海气候：夏季漫长干燥，冬季短暂多雨。这种显著的季节变化给群岛上生物的生活节奏带来了极大的影响，事实上，这里的植物已经适应了气候的极端变化。夏天里，它们自行枯萎干瘪，似乎是在积蓄能量，一旦首场秋雨过后，便会恢复生气，万花齐放。

马耳他群岛是植物学家们最感兴趣的地方。这

戈佐岛是马耳他群岛的第二大岛，这里的自然景色优美迷人，像杜埃伊拉角就是这样一个地方

科米诺岛无人居住，它原始朴素，就像上帝留下来的一片处女地

科米诺岛贫瘠而荒凉，到处都是岩石，一向是海盗的藏身之处，而如今它已成为最受游客和深水潜水者喜爱的地方之一

里自史前就开始砍伐树木，自那之后的几个世纪一直都在植树造林。岛上有很多本土树种，如油橄榄、角豆树、无花果树、常绿栎树、扁桃等。另外，还有一些从外地引进的树种，如桉树和松树。引进的树种主要来自欧洲，当初引种的目的是为了给房屋和田地提供阴凉和庇护。如果想要全面了解群岛的植物，有两个地方不能不去：一是靠近拉巴特（Rabat）的布斯克特植物园（Buskett Gardens），这里景色迷人，环境优美；另一个是姆迪纳（Mdina）的圣安东植物园（San Anton Gardens），这里设施方便，植物丰富多样：稀有的、本土的，各种植物应有尽有，它们以神奇的魅力吸引着热爱植物的游客们。

比起植物来，马耳他群岛的悬崖峭壁也毫不逊色，有一些已经被列为地中海最美丽的景观，而有些崖壁甚至高出海平面250米。马耳他岛的东部有丁利悬崖（Dingli Cliffs）雄伟的身姿，戈佐岛上则矗立着壮观的塔琴奇悬崖（Ta'Cenc）。这些悬崖除了让游人大饱眼福之外，还是很多种鸟儿的休憩场所。在菲尔夫拉（Filfla）的小岛上，居住着地中海数量最多的海燕，而塔琴奇悬崖则吸引了几百只猛䴙。另外，很多候鸟在往返于非洲和北欧的途中也会选择马耳他群岛休息，以积蓄能量。在马耳他群岛，有一种当地特有的蜥蜴——马耳他墙壁蜥蜴，另外还有很多蜗牛，从生物地理学方面来讲，它们和北非及西西里岛（Sicily）的蜗牛颇有渊源。

33

小普雷斯帕湖和大普雷斯帕湖周围的环境一直被较好地保护着

希腊

The Préspa Lakes National Park
普雷斯帕湖群国家公园

在欧洲，确定一个保护区需要通过专业的评估系统。但如果对象是湿地的话，这个评估系统会另作考虑。一般情况下，湿地会被列入《拉姆萨尔公约》或者“重点鸟区”（Important Bird Areas）这两个名录中。希腊的小普雷斯帕国家公园（Mikrì Préspa National Park）便是如此，它位于希腊、马其顿和阿尔巴尼亚紧邻的边境上，共包括三个湖泊，分别是小普雷斯帕（Mikrì Préspa）湖、奥赫里德湖（Lake Ohrid）和大普雷斯帕（Megali Préspa）湖，水位都非常浅，这里约有8100公顷的面积都是沼泽地和芦苇区。如此优越的自然环境使这里成了鸟类的天堂。

传统的家畜放养形式有利于湿地的发展，然而人们却逐渐将之丢弃，再加上人口的增长，使得草地不断减少。与此同时，芦苇却在疯狂增长。曾经数不胜数的鲤鱼现在越来越少，一些水鸟也在遭受同样的厄运，有些甚至已经灭绝。目前正在讨论一项提议，其目的是把这些湖泊重新恢复到原始状态。

公园里的植物种类丰富多样，仅记录在案的就已超过1200种，尤其是芦苇和香蒲，它们在公园里四处摇曳。这里的动物具有典型的地域特点，共有约

小普雷斯帕湖是希腊最重要的湿地
生境之一，这里的鹈鹕数量众多

30种哺乳动物，其中有水獭、胡狼、狼和棕熊。另外，河鼠也被引进这里，它们不断啃食植物，在湖岸边筑造巢穴，具有极强的破坏力。目前，河鼠已经给一些重要的芦苇区造成了巨大的破坏，而那里正是很多鸟儿繁殖下一代的地方。

在公园生活的鸟类中，有两种尤其重要，分别是卷羽鹈鹕和白鹈鹕。如今在整个欧洲，这两种鸟都非常罕见，只有在多瑙河三角洲和俄罗斯的一些地方才能看到它们的身影。1984年时，这两种鹈鹕的数量分别为165对和116对，这个数字在以后的很多年都一直保持稳定。与之不同的是，鹭科（苍鹭和夜鹭）的数量变化很大。总的来说，在过去的这些年中，很多种鸟的数量都呈明显下降的趋势。

普雷斯帕湖周围的鸟儿丰富多样，尤其是生活在沼泽地里的鸟儿更是数不胜数

34

希腊

The Ionian Islands
伊奥尼亚群岛

伊奥尼亚群岛（Ionian Islands）坐落于希腊大陆的西海岸，共由7个大岛组成，从北开始依次为：科孚岛（Corfu，即克基拉岛）、帕克西岛（Paxí）、莱夫卡扎岛（Lefkada）、凯法利尼亚岛（Kefaloniá）、伊萨基岛（Itháki）、扎金索斯岛（Zákinthos，即赞特岛）和基西拉岛（Kíthira）。这7座岛屿的地理位置构出了一条西北—东南走向的轴线。另外，伊奥尼亚还包括一些面积稍小的岛屿，其中有迈加尼西翁岛（Meganissi）、安迪帕皮岛（Antipapi）、安迪基西拉岛（Antikythira）和埃拉福尼索斯岛（Elafonissos）。

这里景色迷人，城镇别有韵味，而且生活费用相对较低，因此伊奥尼亚群岛名列希腊最受欢迎的景点之一。岛屿东部的海岸地势平缓，海滩美丽如画，几乎集中了岛上所有的旅游设施和活动。而西部海岸则主要是壮观的岩石崖壁，它们高大陡峭，游客望而却步，鸟儿却趋之若鹜。群岛最显著的特征之一是它的植被。例如，在全希腊最湿润的地方科孚岛（每年12月的平均降雨量可达205毫米）生长着很多喜欢湿润气候的水生植物和典型的北方植物。当然，高湿度也深受兰花家族的喜爱，在科孚岛已发现的兰花就至少有36种。一般来说，除了潮湿之外，科孚岛和其

赞特岛拥有小巧宁静的沙滩。另外，这里油橄榄、扁桃成林，小山上树林成荫，海岸线犬牙交错

赞特岛上最著名的景点之一是沉船海滩，小沙滩延伸到峡谷之间，峡谷周围是陡峭的崖壁

在凯法利尼亚岛上，阿索斯村就建在岬角之上，这里布满了油橄榄林和柏树林

赞特岛也就是扎金索斯岛，长久以来，岛上一直都居住着威尼斯人，这里因为迷人的景色而被称为“黎凡特（意即“东方”）之花”

凯法利尼亚岛以喀斯特地貌著称，如迈利萨尼湖，它由古时同名的迈利萨尼洞穴的塌陷而形成

帕克西岛的四周几乎全都是高大的崖壁，其间有大量的海蚀崖

帕莱奥卡斯特里察湾是科孚岛最享盛名的地方之一

莱夫卡斯岛的海滩一望无际，它和希腊大陆联系的纽带是一座可以活动的桥

他岛屿多少还会有些闷热，尤其是在干凉的美尔丹风（meltemi，一种西北风）未来期间。

在当地植被中，有一种希腊冷杉最引人注目，这是一个特有种，最高能长到30米。它们主要生活在群岛和希腊大陆上海拔800～1600米的山地。在凯法洛尼亚岛的艾诺斯山（Mt. Ainos）上，希腊冷杉是最主要的树种，并且因为没有可杂交种，冷杉林一直保持着非常高的纯度。希腊的山脉上尽是无边无际的希腊冷杉林。在过去，它们是重要的木材来源，主要用于造船业。如今，为了对这些冷杉林进行特殊保护，高达1628米的艾诺斯山被划入了国家公园的范围内。

群岛上还生活有很多种珍贵的鸟儿，其中著名的“本土明星”有黄鹡鸰、云雀、鸫和麻雀，它们经常在油橄榄树林和一些残留的树林里筑巢搭窝。另外，群岛还是很多候鸟迁徙途中的休憩站点。苍鹭和中白鹭在从非洲到欧洲的漫长旅途中会在此驻足停留，恢复体力。以前，岛上还生活有很多涉禽类，如今却因遭到大量猎杀而灭绝。大型哺乳动物如鹿、野猪、狍子也遭遇了同样的厄运。如今，只有一些小型哺乳动物还相对较多，如狐狸、松鼠、豪猪和蝙蝠。岛上最为丰富的是爬虫类和爬行动物，蜥蜴和蛇数量众多。对于野生生物学家和自然资源保护者来说，伊奥尼亚群岛具有至关重要的意义，因为这里是僧海豹为数不多的聚居地之一。僧海豹是欧洲水域中非常稀有且濒临灭绝的哺乳动物之一，被联合国教科文组织列入了世界上极度濒危的6种哺乳动物的名单之内。在群岛周围的水里，其他很多海洋动物也在吸引着自然资源保护者，如海豚和齿鲸类。

水里还生活有海龟——蠵龟，它们数量众多，在赞特岛的海滩上繁衍后代。据记录，每年在那里安家的蠵龟多达700～1000只。希腊越来越全面地意识到旅游给环境所带来的危害，所以建立了赞特岛国家海洋公园，公园主要的任务就是保护岛屿上的海龟、海豹和海洋生态系统。

阿托科斯斯岛是25个小岛中的一个，这些小岛都很靠近大陆山阿卡尔纳尼卡

35

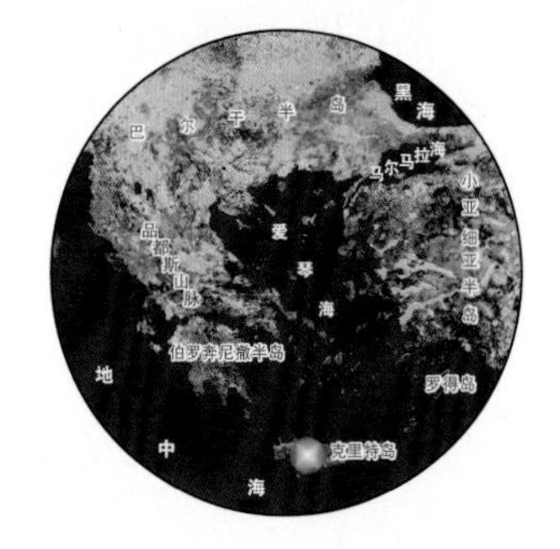

希腊

The Island of Crete
克里特岛

克里特岛是希腊最大的岛屿，地中海第四大岛。这里峭壁耸立，让攀岩爱好者望而却步。克里特岛的自然环境和生态系统都很独特，最高峰为伊达山（Mt. Ida，2456米），深深的峡谷纵横交错，气候和景观兼具高山和地中海的双重特点。这里地处欧洲的最南端，一年四季气候都很温和，对于不喜欢炎热夏天的游客来说，这里绝对是不可多得的度假天堂。岛上景观各异，岛屿内陆主要是山脉、高地和深深的峡谷；而海岸边，则是广阔的海滩和可爱的小海湾。岛上最引人入胜的地方之一是莱夫卡山（Lefka Ori，意为“白山”）国家公园。这里有深不可测的撒玛利亚峡谷（Samaria Gorge），全长16千米，是欧洲最长的峡谷。其周围是一些缓坡和相对较小的峡谷。

大约8000年前，第一批殖民者到达克里特岛，从此，岛屿的历史篇章上开始留下人类的沉重足迹。然而，出乎意料的是，这里仍然那么天然、繁花似锦和多样化。克里特岛的植物资源极其丰富，各种各样的花儿竞相开放，橡树林、柏树林和栗树林连绵不绝。在低海拔地区，地中海灌木横行天下，主要是一些芳香植物；而高海拔地区则是一片高山植被。在克里特岛丰富的植物资源中，至少有160种是当地特有

克里特岛的海岸上，景观变化无常，小巧可爱的海滩紧挨着高不可攀的悬崖峭壁

斯皮纳隆加半岛位于克里特岛东北部的埃伦达湾内，它通过狭窄的波罗斯地峡和克里特岛相连

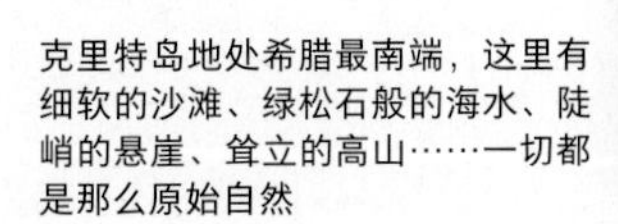

克里特岛地处希腊最南端，这里有细软的沙滩、绿松石般的海水、陡峭的悬崖、耸立的高山……一切都是那么原始自然

米拉贝洛湾位于埃伦达湾内，这里是整个爱琴海气候最好的地方

在莱夫卡山山脚下，沙滩躲藏在岩石之间，颇为有趣

从生物学的观点来看，巴洛斯湾和格拉穆萨岛具有很重要的地位。这里的鸟类资源极为丰富，另外，很多洞穴有时还会成为僧海豹的避难所

的，它们在世界上的其他地方都无法生长。例如，在整个欧洲，原产的海枣只有两种，而克里特岛就拥有其中一种——野生枣椰树。另外，国家公园里还有450多个植物种和亚种，其中有白藓、乌木、松树等。

比起植物的丰富多样，克里特岛的动物更具有明显的孤立性和独特性。岛上有两种特有的哺乳动物：克里特白唇麝鼩和克里特刺毛鼠。另外，还有很多无脊椎动物，如蜗牛和步行虫，其中40%都是特有种。野黄羊是自然主义者最感兴趣的对象，以前它们也被叫作克里特野山羊。实际上，人们并不能确定它们是从外地引种到克里特岛上的，还是本来就是岛上的“原住居民”。不过长久以来，这种动物一直都保持着最原始的外貌，没有任何改变。要想观察这些动物，克里特岛并不是最佳的选择，在就近的小岛如季亚岛（Dia）、塞奥佐罗斯岛（Theodoros）和圣潘泰斯岛（Ayii Pantes）观看会相对更容易一些。

对于从非洲飞往北欧的候鸟来说，克里特岛是一个非常重要的休憩点。因此，岛上盘踞着很多食肉鸟，等待着这些免费的美味大餐。

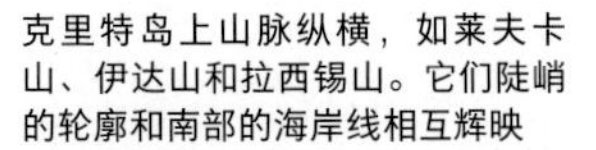

克里特岛上山脉纵横，如莱夫卡山、伊达山和拉西锡山。它们陡峭的轮廓和南部的海岸线相互辉映

克里特岛不仅仅因风景、野生生物和文化而著名，这里的农业也发展得很好。岛上的葡萄庄园是很有价值的资产，它们为品质优良的葡萄酒提供了最好的原材料

拉西锡高原孕育了好几处清泉，泉水滋养、灌溉着岛上富饶的平原

36

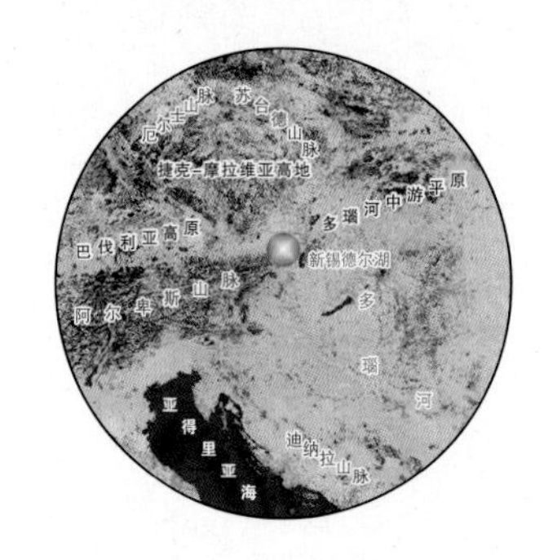

在新锡德尔湖周围，生长着盐生植物和茂密的芦苇。夏天，湖水的水位会经历巨大的变化

奥地利

The Neusiedler See
新锡德尔湖

新锡德尔湖是座大面积的湖泊，横跨奥地利和匈牙利边界，被划入奥地利最东边的布尔根兰（Burgenland）州的新锡德尔湖-塞温克尔国家公园（Neusiedler See-Seewinkel National Park）内。新锡德尔湖是欧洲面积最大的咸水湖，湖面有一半都是茂密的芦苇丛。湖水最深处约2米，不过一般很少超过1米深。古老的芦苇荡（有一个多世纪的历史）沿着湖泊西岸延伸约6400米，向南绵延约17 000米。这种自然环境在欧洲非常独特，很多种鸟儿都选择在此越冬。除了新锡德尔湖之外，塞温克尔地区还有约60个面积稍小的湖泊，它们也是很多鸟儿的休息站点。

湖泊水量充沛，有助于温度的平衡与稳定，不论在炎热的夏天还是寒冷的冬天都具有很明显的效果。例如，在寒冷季节即将结束的时候，因为水深有限，湖水能够很快热起来，这样可以防止再次结冰。因此，湖区周围的生长季很长，大约有250天，这对于植物来说无疑是天赐的恩宠。新锡德尔湖另外一个显著的特征是盐度没有变化，湖水没有被污染。正因如此，这里是欧洲大陆上最受动植物青睐的栖息地之一。

新锡德尔湖和小湖泊的周围曾经是茂密的落叶

新锡德尔湖具有非常重要的生态意义，是欧洲最大的咸水湖

新锡德尔湖周围的鸟类资源异常丰富。因此，这里被列入《拉姆萨尔公约》的保护地

新锡德尔湖周围的沼泽地里，生活着数量众多的鸟儿，如大白鹭

树林，如今则变成了牧场、农田和小城镇。几百年来，农耕方式孕育了新锡德尔湖的独特文化。这里的植被类型主要为盐生沼泽和欧亚大草原的混合，集中了阿尔卑斯山、波罗的海和潘诺尼亚（Pannonian）等植物区系类型。在很多地方，北极和阿尔卑斯山的植物类型都同来自俄罗斯南部草原的植物紧挨着生长。

当地的两栖类动物主要有点斑蜥蜴、变色蜥蜴、火腹蟾蜍和几种蛙类。爬行类动物有普通蜥蜴、捷蜥蜴和几种蛇。除了一些原产于东方的哺乳动物，如艾鼬和土拨鼠以外，还有一些鸟类也格外引人注目。鸟类资源极为丰富，共有约300种，其中有一半在这里安家生活。在新锡德尔湖的鸟儿中，有几种不能不提，它们是篦鹭、白鹭、白鹳和彩鹮。除此之外，这里还吸引了很多候鸟。新锡德尔湖-塞温克尔国家公园对于一种鸟具有非比寻常的意义，这里是它最重要的栖息地之一，这种鸟在全世界范围的生存都受到了严重威胁，并濒临灭绝，它就是——大鸨。

黄鹡鸰和鹭鸶生活在新锡德尔湖的芦苇荡中，这两种鸟和其他苍鹭类不同的地方在于它们体型小，身体上部颜色较深

37

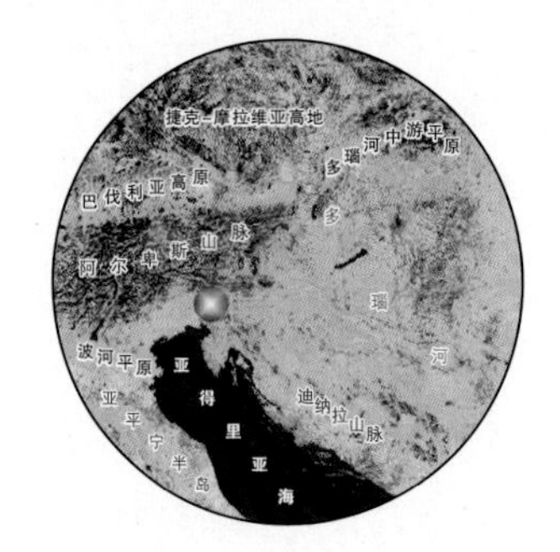

特里格拉夫国家公园以典型的高山环境而著名，这里有耸立的山峰、小型高山湖泊和美丽如画的瀑布

斯洛文尼亚

The National Park of Triglav
特里格拉夫国家公园

1908年，人们第一次提出要对特里格拉夫（Triglav）地区进行保护，但直到1924年，这项提议才变为实际行动，特里格拉夫国家公园正式建立，这都要归功于斯洛文尼亚博物馆协会自然保护区分会（Slovenian Museological Society's Nature Protection Section）和当地阿尔卑斯协会（Alpine Society）的不懈努力。最初，公园的名称为“阿尔卑斯保护公园”，其合约只有20年的期限，保护面积1375公顷。1961年，这个合约变成了永久有效，公园的面积也扩增到2025公顷。之后，经过1981年的重新规划，公园面积更达到了83 900公顷。

公园的中央矗立着特里格拉夫峰（Mt. Triglav），公园的名字因此也更名为特里格拉夫国家公园。特里格拉夫峰海拔高达2864米，是斯洛文尼亚的象征。多条河谷呈辐射状从特里格拉夫峰挟流而下，汇为大型的河流索查河（Soca）和萨瓦河（Sava），最终分别流向亚得里亚海（Adriatic Sea）和黑海（Black Sea）。

公园里到处遍布着冰川湖，如博西尼湖（Bohinj）、特里格拉夫湖群（Triglav Lakes）、克

特伦塔峡谷和索查河沿岸峡谷地带是阿尔卑斯地区最具田园风格且最鲜为人知的地方之一

里兹湖群（Kriz Lakes）、克尔恩湖群（Kr Lakes）；美丽如画的瀑布也随处可见，以博西尼地区的萨维查河（Savica River，也就是“小瓦萨河”）的各个瀑布最为著名，深受漂流和类似体育活动爱好者的喜爱，还有弗拉塔山谷（Vrata Valley）的佩里奇尼克瀑布（Pericnik）和贝利波托克（Beli Potok，意即“白溪”）的斯科奇尼基瀑布（Skocniki）。在公园的北部，坐落着壮观的卡尔马冰川峡谷（Krma Glacial Valley），周围是高耸的山脉，山脉海拔都在1800米以上，不过在峡谷的最低处，很少有海拔超过900米的。这些山脉距离巴尔干半岛和地中海很近，因此，阿尔卑斯山和地中海以南的喜热植物都来到这里扎根。另外，这里的特有物种也很丰富，从特里格拉夫委陵菜到紫红色的报春，从白色的罂粟到浅棕苞鸢尾，还有特里格拉夫三叶龙胆等等。其中，很多物种都受到严格的保护，以防止其灭绝。

不幸的是，特里格拉夫地区的一些动物已经濒临灭绝。例如猞猁，受到长期猎杀，几乎完全消失。幸亏一项引种计划，它们的数量才又重新趋于稳定。值得高兴的是，最近几年发生了一件振奋人心的事情：一些哺乳动物正在扩展各自的地盘，它们此时还漫步在公园最西北和意大利接壤的地方，过一会儿可能就奔跑在邻近奥地利边界的塔尔维西奥森林里。2004年6月，人们曾在公园北部看见过一只特里格拉夫棕熊，它当时的位置正好处在意大利和奥地利的边界上。

组成尤利安山的山脉高达2854米

38

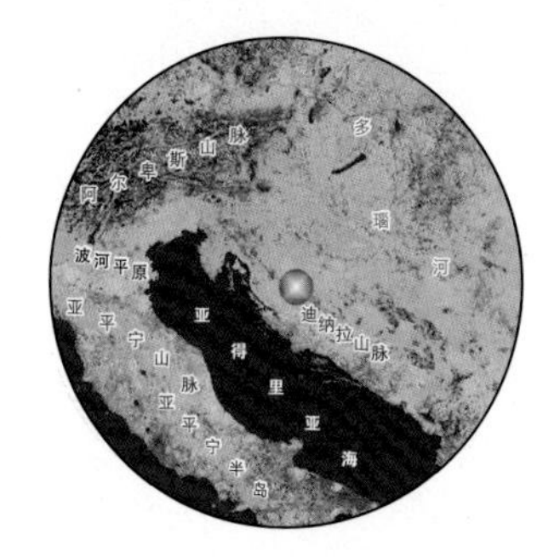

克罗地亚

The Plitvice Lakes
普利特维采湖群

普利特维采（Plitvice）的神奇魅力只源于一个简单的字——水。公园里的水形态各异：瀑布、水塘、溪流……它们是克罗地亚的骄傲，是克罗地亚的象征。这里的水质清莹碧绿，如水晶般清澈透明；小湖泊星罗棋布，数不胜数；石灰华景观变化纷呈（石灰华是一种碳酸钙岩石，颜色为浅棕色，手感温润）。这就是普利特维采，是克罗地亚，乃至整个欧洲最迷人的保护区之一。国家公园（也被联合国教科文组织列为生物圈保护区）属于海洋性气候，坐落于萨格勒布（Zagreb）和扎拉（Zara）之间的一个峡谷内。峡谷斜插在群山之间，那里绿树成荫、森林遍布。普利特维采就像一个迷人的珍宝，而这一切都要归功于科拉纳河（Korana）的两条支流——比耶拉河（Bijela Rijeka，意即“白河”）和茨尔纳河（Crna Rijeka，意即“黑河”）。这两条河流不断延伸流淌，衍生出数百个瀑布和无数条小溪流，并连接了普利特维采的16个湖泊，最后交织成一张密集的水网。

这些湖泊都源于喀斯特泉眼。当水流被白云岩（这种岩石不渗水）阻塞时，泉水开始演变成其他形式。在600米的高处，出现了普利特维采的第一个湖泊，也就是普罗什切（Prosce）湖；在530米高

水生植被带的上方是钙积层，它形成了大小不一的瀑布。在科拉纳河也是同样的情形

普利特维采国家公园景色迷人，其制胜的法宝是“流水”

在普利特维采的高海拔处，湖盆由三叠纪的白云岩组成，其上形成大小不一的瀑布。湖泊之间的自然屏障是钙质岩石，它们经常被大自然雕琢成不同的形状

科拉纳河谷共有16个小湖泊，它们因清莹透明的水质而著名

的地方，则流淌着这里的最后一个湖泊诺瓦科维奇（Novakovic）湖。在普利特维采，各个方向过来的水都流向普利特维采瀑布。瀑布从76米的高度奔泻而下，注入下面的科拉纳河。经过千年万年的历史，水流雕凿出了地下喀斯特水道、落水坑、石灰坑和洞穴。实际上，普利特维采自然公园是生物动力学作用的结果。碳酸钙沉淀的石灰华形成—破坏，不断循环往复。植物在普利特维采湖盆的形成中起了非常重要的作用。苔藓主动地给石灰华岩石“整容塑型”，水藻给它“化妆打扮”。

根据地质条件和自然状态，公园可以分为两个部分：第一部分，也就是高处，由白云岩起源的峡谷组成，周围湖泊点缀，森林茂密；第二部分，也就是低处，湖泊的面积稍小一些，植被也不那么茂密。山脉和峡谷交替出现，四处遍布着森林、岩石、沼泽和喀斯特地下洞穴。

普利特维采的植物异常丰富，沼泽和河岸边草木丛生。另外，银杉、云杉和山毛榉形成的森林广袤无边。公园里生活的哺乳动物主要有棕熊、狼、猞猁、野猫、水獭、貂鼠、狍子、鹿、野猪和獾。总体来说，公园的管理还是很值得我们学习的，卓有成效的管理使普利特维采成了很多公园的榜样。2000多名员工、设计良好的路径、对游客们贴心周到的服务，都为普利特维采成为旅游胜地做出了卓越贡献，普利特维采也因此变成了一个真正的“自然产业”，每年都会带来丰厚的收入。

冬季里，天寒地冻，瀑布变成喷泉模样。在科拉纳河也是同样的情形

冬天的普利特维采更有魅力，处处
都是静谧的迷人景色

普利特维采公园主要以夏景吸引游客。不过，在自然爱好者的眼里，冬天的颜色、神奇的冰挂瀑布更有诱惑力

如今，猞猁在阿尔卑斯山的大部分地区都已经灭绝，但是在普利特维采的湖泊附近仍然数量众多

39

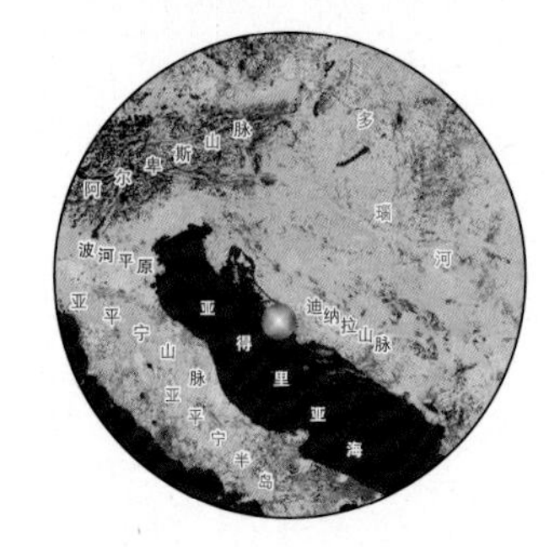

克罗地亚

The Kornati Islands
科尔纳蒂群岛

在地中海海岸边有一串岛屿蔚为壮观，这就是克罗地亚的科尔纳蒂群岛［Kornati Islands，也就是“王冠”（Crowned）群岛］。群岛长约24 000米，最宽处约13 000米，共包含有140个大岛和约50个暗礁。岛上干旱贫瘠，岛屿的主要地质成分为碳酸钙。经过岁月的洗礼，群岛被打磨得亮白，犹如遗落在碧蓝海水中的“月亮碎片”，安静地躺在亚得里亚海的东部。科尔纳蒂群岛的西北部是长岛（Dugi Otok），东南部与日列群岛（Zirje Islands）相望，大陆紧邻帕什曼岛（Pasman Islands）、弗尔加达岛（Vrgada）和穆尔泰尔岛（Murter），西南则是浩瀚的亚得里亚海。

关于群岛名字的起源有两种说法：一说因克罗地亚的国王们都选择在其中最大岛屿——科尔纳特岛上加冕；另一说因岛屿的形态独特，壮观的“尖塔”和喀斯特断崖都与王冠（crown）有几分相像，于是这样称呼。

科尔纳蒂群岛的很多岛屿都无人居住。在这片处女地上，自然环境清新，野生动植物欣欣向荣。而在另外一些岛屿上，人们逐渐丢弃传统的家畜放养模式，空闲土地随即被圣栎和其他植物占领。当地动物

科尔纳蒂群岛声名远扬：这里原始朴素，海水幽深

科尔纳蒂群岛的景色多样而无常，忽而是海边陡峭的悬崖，忽而是大片裸露的平地

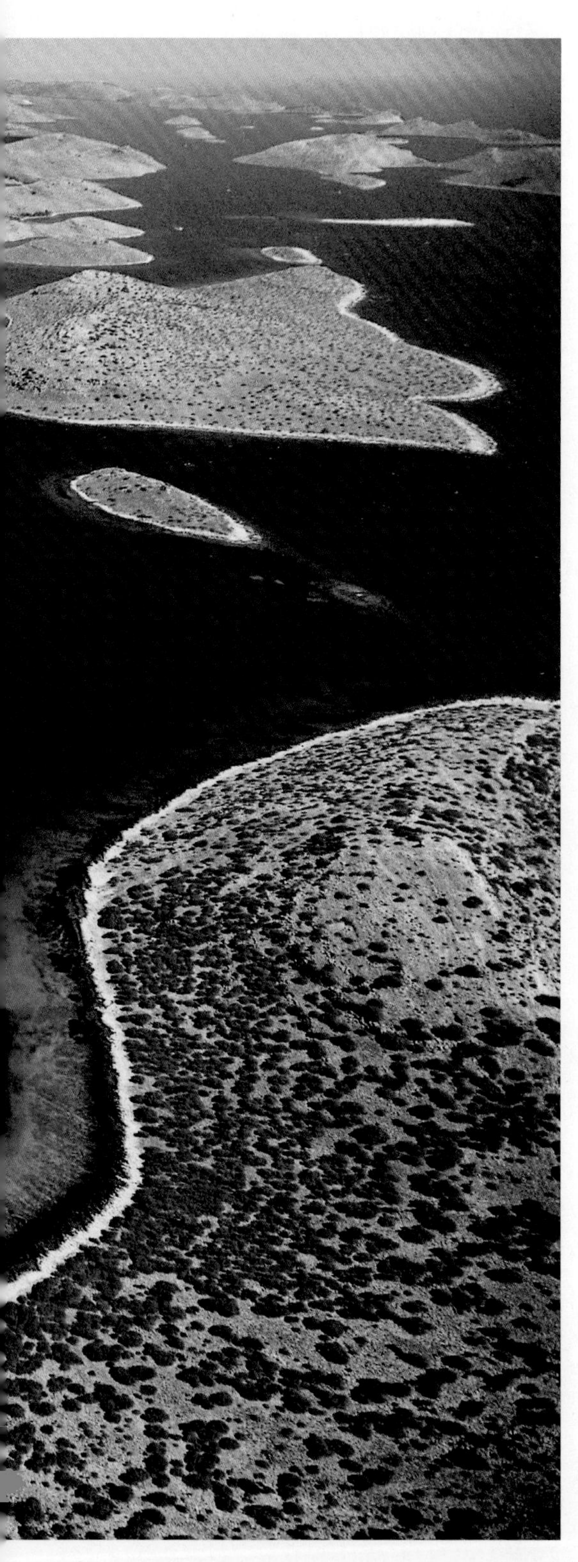

中，鸟类占绝大多数，很多种都是地中海的“原住居民”，哺乳动物主要是石貂。不过，这里没有食虫动物和啮齿动物。

正是这份原始和美丽催生出了1980年的一项公告。公告旨在把整个群岛建设成国家公园。保护区的面积为220平方千米，其中陆地只占1%，剩下的就是让你惊叹不已的海洋世界：海洋生物群落丰富，海底的美景无与伦比，还有水下“尖塔”、深深的洞穴和无以计数的动物。对于全世界的深水潜水员来说，科尔纳蒂群岛和它周围的水域绝对是罕见的梦幻天堂。

除了自然资源，群岛的地貌景观也非同寻常。科尔纳蒂是名副其实的海水和岩石的迷宫。暗礁高耸、山丘奇形怪状，它们是岛屿形成历史的重要见证者：在末次冰期，海岸逐渐下降，每1000年大约下降1米，最终形成了如今的科尔纳蒂群岛。而早在2000年以前，如今的科尔纳特（Kornat）岛、卡提纳（Katina）岛和长岛还是一个相互连在一起的岛屿。

科尔纳蒂群岛坐落在非洲板块和欧洲板块之间的一条断层线上。这个最大的断层南起伊斯特拉半岛（Istrian Peninsula），径直从半岛的西南端一直延伸至克罗地亚海岸的北部，止于中部达尔马提亚（Dalmatian）海岸旁的群岛中。

这个“断层”恰巧位于所谓的“科尔纳蒂王冠”上。其实，正是因为断层错动，才“抬升”了这些崖壁；而直立于水面之上的崖壁似乎也在诉说着这里发生过的地壳变化。这些高耸的崖壁不断遭受到大自然各种力量的侵蚀，有些甚至垂直沉降到海水里，有的竟降至海平面以下1000米深处。国家公园的水上部分主要是由石灰岩形成的，到处都是典型的喀斯特地貌，如洞穴、峡谷和落水坑等。

科尔纳蒂群岛占地321平方千米。包含大大小小岛屿约150个，太阳把它们晒得泛白，咸咸的海风将它们进行打磨

40

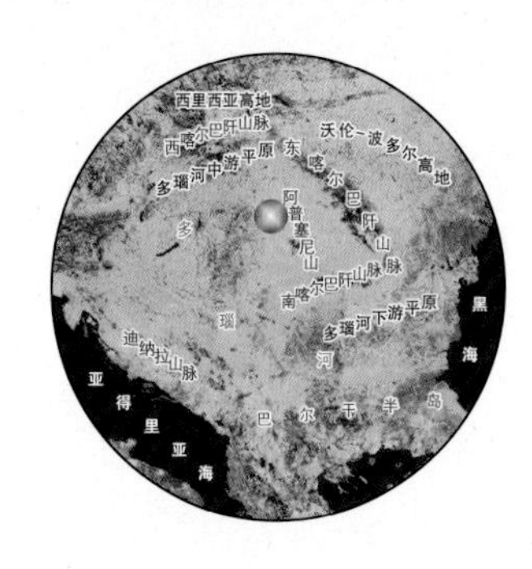

普什塔有很多芦苇地和湿地，位于中欧的这块土地曾经是块大面积的沼泽地

匈牙利

The Hortobágy National Park
霍尔托巴吉国家公园

普什塔（puszta）是欧洲仅存的大平原，它拥有悠久的历史传统。普什塔是匈牙利语，意思为“干旱的或被丢弃的”，它清晰地透露出了普什塔的特征——贫瘠荒芜。然而有趣的是，这个平原却拥有诗一般的气质，拥有丰富的民俗传统。

普什塔的历史要追溯到末次冰期。那时，它还是蒂萨河（Tisza）和拜赖焦河（Berettyò）的大漫滩。这两条河流定期泛滥，使得湖泊和大片的沼泽地从中受益，间或还会出现河岸森林（水道或者湖泊岸边的森林）。在过去几千年里，洪水上涨，气候干燥温暖，土壤不断碱性化。后来，有所增加的降雨量滋养了茂密的森林和沼泽植物。森林、沼泽地、草地交错出现，形成了多样化的景观特征。然而，不幸的事情发生了，森林遭遇了劫难。大约在公元1300年，奥斯曼土耳其帝国开始侵略这片土地，大片大片的森林被砍倒。于是，这片中欧平原被强行脱去了绿色的外衣，任由狂风席卷，最终变成了非常适合放养家畜的大草原。

在这里，水拥有悠久的历史。事实上，早在几个世纪以前，普什塔平原上便水道密集，纵横交错，并且可以通航，即使在今天也仍有很多湖泊。然而在

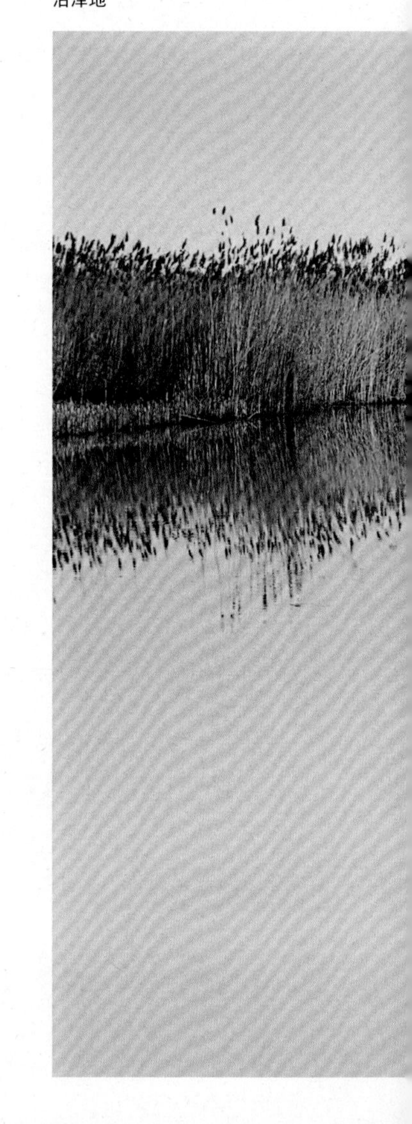

春天里，霍尔托巴吉平原的牧场上万花齐放，一派春光无限好的景象！如果想体验古老欧洲的韵味，这里是最好的选择

麝鼠这种水生动物是最近才被引进到霍尔托巴吉平原的

鸟类是霍尔托巴吉平原最重要的动物资源，其中苍鹭最能吸引人的眼球

19世纪时，有一项大工程需要排出土地中的水，才导致渠道和湖泊逐渐干涸。今天，普什塔上稍显湿润的环境少之又少，分布极为零散。

如今，普什塔是匈牙利的主要保护区，也是匈牙利最大的国家公园。它建立于1973年，总面积约80 950公顷，目的是保护当地的自然和文化资源。1999年，霍尔托巴吉被列为联合国教科文组织的生物圈保护区，其1/3的面积受到《拉姆萨尔公约》的保护。从生物的观点来看，普什塔和霍尔托巴吉国家公园的显著特点是其极为丰富的鸟类资源，已经观测到的就有332种，这里简直就是鸟类的天堂。铺天盖地的候鸟群最引人瞩目，其中有鹤、白额雁（在世界各地，它的数量都在减少），还有很多鹅、苍鹭和大鸨。

除了保护鸟类外，霍尔托巴吉国家公园还承担着保护家畜的重要责任，如长有大螺旋角的卡拉羊、灰牛和曼加利察猪。如今，曼加利察猪已非常常见，恢复到了野生或半野生的状态。总的来说，这三种动物是古老物种的代表，至今它们在很多方面仍表现出极大的原始性。因此，这种生物多样性应该受到严格的保护。如今，诺尼乌斯马，还有以上那些半驯养动物都是普什塔必不可少的成员。以前，一群群马儿在牧马人的引领下食草生活。2000多年来，普什塔一直被用作牧场，并且还拥有一套完整的田园社会秩序。在所有放牧者中，长期和马儿待在一起的牧马人具有最高的等级，其次是牧牛人和牧羊人。可以说，在很多地方，牧马人才是匈牙利真正的保护者。几个世纪前，这里还有几千个牧马人；然而今天，这个数字只剩下几十个。更为不幸的是，他们传承了几百年的古老传统文化也正在丢失。

紫鹭（上）和白额雁（下）是霍尔托巴吉平原的典型物种。霍尔托巴吉国家公园共有200多种候鸟，这里是鸟类学家在欧洲科学研究的殿堂

41

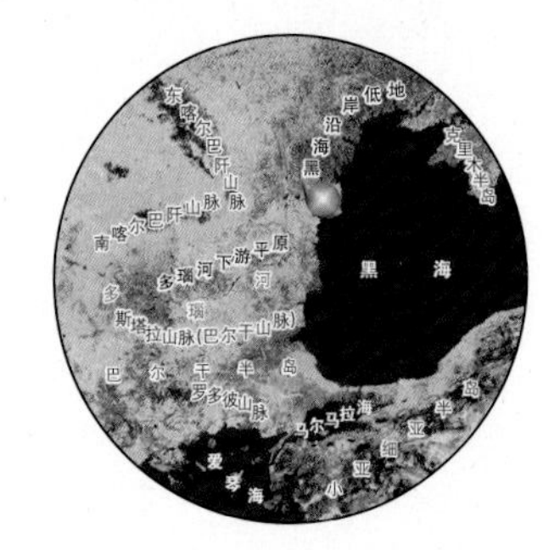

罗马尼亚

Danube River Delta
多瑙河三角洲

多瑙河汇集300多条支流，历经2853千米的路程，最终注入黑海。多瑙河三角洲的美、野性、原始，是欧洲中心地带为数不多的自然殿堂之一。三角洲坐落在北纬45°左右，面积共约4220平方千米，其中约有3444平方千米位于罗马尼亚境内，而其他的776平方千米属于乌克兰。

多瑙河在注入黑海前的将近90千米处分成了4个汊流，分别是基利亚（Chilia）河、图尔恰（Tulcea）河、苏利纳（Sulina）河和圣格奥尔基（Sfîntu Gheorghe）河，那里的景观在地球上可谓别具一格。任何一条汊流周围都好似一个迷宫：大湖、小湖、水渠、沙丘、湿地、芦苇区、柳树林……令人眼花缭乱。多瑙河三角洲是欧洲最大的湿地，只有10%的土地经常在水面之上。另外，它还被公认为是欧洲最“年轻”的地方，有很多刚刚形成的沉积区。

只须一瞥，你就会倾倒于这块土地的神奇魅力。在多瑙河三角洲，大自然才是真正的主人。这里共有1200多种植物和300多种鸟类。充足的食物使得这里成为鸟的天堂，也成为来自埃及和高加索山脉的候鸟们休息和过境的“十字街头”。这些鸟儿沿着蜿蜒的水系一路前行，它们穿过偏远的湖泊、湿地、小

多瑙河三角洲拥有各种各样的景观：湿地、沼泽地、无尽的芦苇区、沙丘、起源于河流和海洋的沙地等；另外，湖泊、水道和小岛更是数不胜数。这里是很多种鸟儿的栖息之所

多瑙河三角洲是欧洲最后的原始地之一

须浮鸥是多瑙河三角洲特有的鸟类之一，它主要生活在沼泽地中

多瑙河三角洲的鱼类资源极其丰富，鸟儿（例如黑颈鸬鹚）从中获益不少

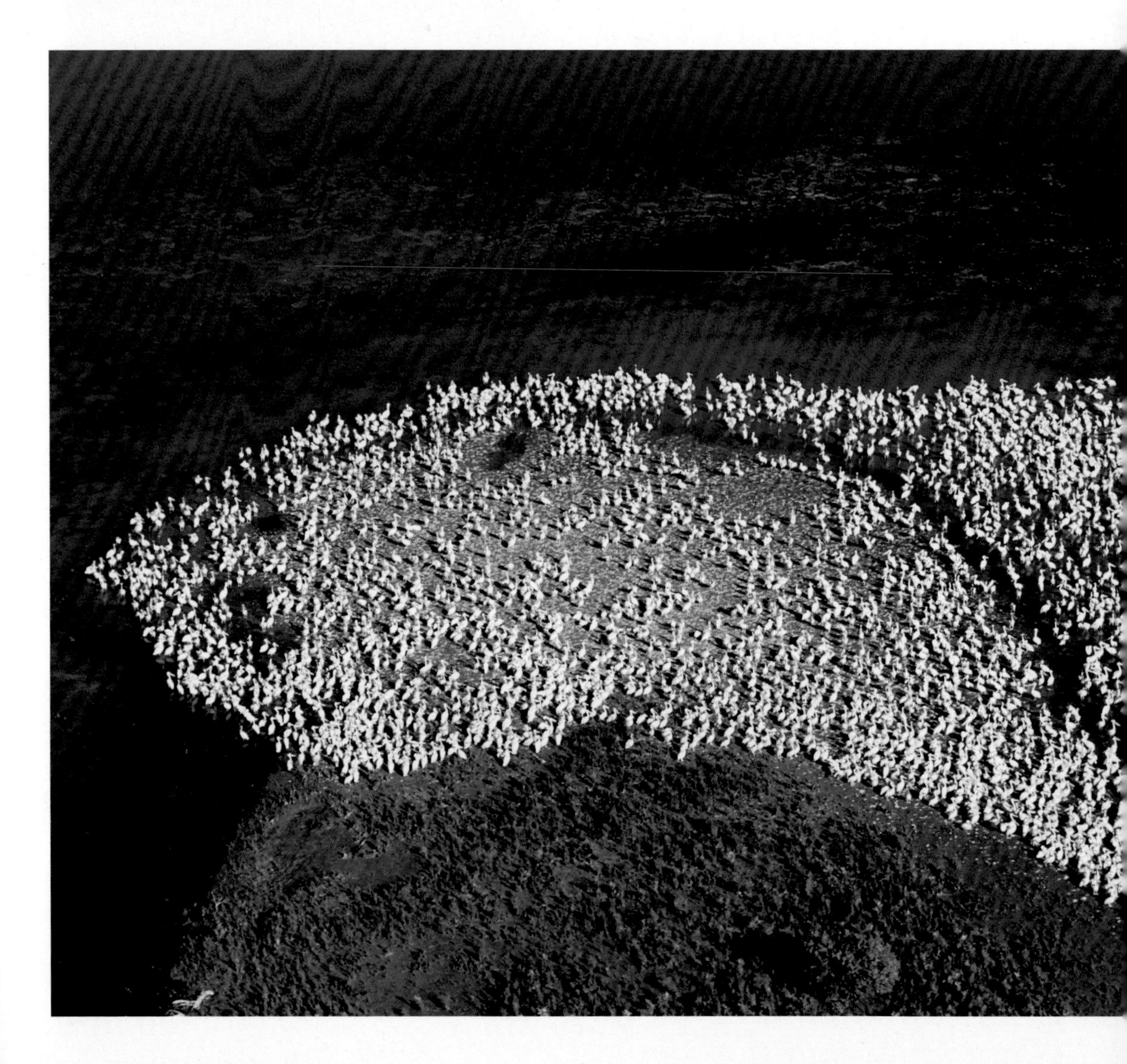

河、微咸的水湾、滞水的池塘、芦苇湿地、沙丘……多瑙河三角洲芦苇茂密，这里有地球上面积最大的芦苇区，主要是南方芦苇种类。芦苇四处飘荡，形成了无数个被称作“Plaur”的小岛，小岛的四周开满了美丽的睡莲。

保护区共包括18个不同的地方，其中有保护区和缓冲区（共约607 000公顷）。在缓冲区，有一些活动是允许的，例如砍树和采集芦苇。而保护区内（共约50 000公顷）植被被严格保护，在那里人类活动被严格控制。

从鸟类学专家的视角来看，多瑙河三角洲真正的象征是鹈鹕，这里聚集着数量最多的两种欧洲鹈鹕——白鹈鹕和卷羽鹈鹕。事实上，白鹈鹕数量众多，约有2000多对；而卷羽鹈鹕的数量则少得多，只有几十对。通常情况下，鹈鹕筑巢的地方是不允许参观的。只有当小鹈鹕长大时，一部分研究人员才得到许可，并且必须乘坐专门制作的小船才能前往鹈鹕的巢穴附近。一般来说，沿着圣格奥尔基河道来观看鹈鹕会更容易一些。从10月到11月，这里的鸟儿会离开，迁徙到它们的越冬地——尼罗河三角洲，春天时再重新返回。

另外，这里有一些动物同样具有特殊的意义，如小鸬鹚（约有2500对在这里筑巢生活），以及无数的朱鹭、苍鹭、鹳和很多疣鼻天鹅。在多瑙河三角洲还生活有很多哺乳动物，其中一些物种（如水獭、野猫和麝鼠）的数量很少。另外，三角洲还哺育着150多种鱼类，其中最著名的是鲟鱼。

由于具有特殊的地理位置和自然特征，并且生态系统丰富多样，1990年，多瑙河三角洲被联合国教科文组织批准为生物圈保护区，1991年更被联合国教科文组织列入《世界遗产名录》和《拉姆萨尔公约》的保护对象之中。

最近几年，白鹈鹕的数量明显增多，它是多瑙河三角洲最著名的野生动物之一

翩翩起舞的白鹈鹕

42

厄尔布鲁士山是高加索山脉最著名的山峰。高加索山脉从黑海一直延伸到里海

俄罗斯

The Caucasus
高加索山脉

西高加索山是欧洲（或如有些地理学家所说是亚欧大陆）最重要的山系之一，它面积约2750平方千米，山峰参差不齐，海拔从1800米以下到栋巴伊乌尔根山的4046米。高加索山和小高加索山（Lesser Caucasus）之间有一块平地，属大陆性气候，人口密度大，由苏拉米山（Surami Mountains）阻隔划分成了两个盆地。北部的大高加索山和南部的小高加索山通过苏拉米山连接起来。苏拉米山的西边是正对着黑海的里奥尼河（Rioni River）盆地；东边则是库拉河（Kura River）的广阔河谷，穿过格鲁吉亚朝着阿塞拜疆和里海（Caspian Sea）延伸。这里的地质构造颇具特色，普遍分布着火成岩、变质岩和沉积岩。而其北部则以石灰岩山体居多。冰期的侵蚀活动在山体上凿出了很多巨大的裂缝。其中最引人注目的一个位于俄罗斯境内，足有14.5千米长、1600米深，其长度和深度都堪称俄罗斯之最。山系的南坡拥有很多河流，都径直流向黑海。

至今，西高加索山尚未遭到人类的严重破坏，就像一片远离尘世的净土，这在整个欧洲都实属难得。高加索山拥有很多种不同的生态系统，很多野生动物都在这里栖息安家。另外，它还是欧洲野牛的

原产地（如今正在重新引进）。高加索山动植物种类丰富多样，并且处于多个动物地理学区域的交会点，因此，这里被划分到生物多样性的“热点”之中。事实上，仅被确认的物种就有植物1万多种，脊椎动物700多种，无脊椎动物2万多种。在高加索山保护区和索契国家公园（Sochi National Park）里，有60种哺乳动物的数量一直都很稳定，其中有狼、熊、野猪、高加索鹿、猞猁、岩羚羊和生活在高山上的西高加索羱羊。不同的海拔上，植被类型也各不相同。在1200米的海拔高度，主要是落叶森林，其中有橡树、栗树、角树、东方山毛榉和梨树；而更高一些的山坡上，则是针叶树林的天下。

在西高加索山，栋巴伊乌尔根山海拔4046米，是最迷人的山峰之一，也是一道天然的地理屏障

别曾吉山区拥有高加索山脉几座最高的山峰，因此也被称为“袖珍型的喜马拉雅山”

Photographic Credits
摄影师名录

III页 DLILLC/Corbis
IV-V页 Tiziana and Gianni Baldizzone/Archivio White Star
VI-VII页 Steve Bloom Images/Alamy Images
VIII-IX页 Pierluigi Rizzato
X-XI页 Antonio Attini/Archivio White Star
XVI-XVII页 Pierluigi Rizzato
XVIII-XIX页 Martin Harvey/NHPA/Photoshot
XX-XXI页 Michel & Christine Denis-Huot
XXII-1页 Marcello Bertinetti/Archivio White Star
2页 Darrell Gulin/Corbis
2-3页，3页 Antonio Attini/Archivio White Star
4-5页 Cécile Treal & Jean-Michel Ruiz/Hoa-Qui/Hachette Photos/Contrasto
6-7页 Yann Guichaoua/Pictures Colour Library
8页 Dave Watts/NHPA/Photoshot
8-9页 Bobby Haas/National Geographic Image Collection
9页 Yann Arthus-Bertrand/Corbis
10-11页 Martin Harvey/NHPA/Photoshot
12页 D. Robert & Lorri Franz/Corbis
12-13页 Rafael Marchante/Reuters/Contrasto
13页 Bruno Morandi/Getty Images
14-15页 Yann Arthus-Bertrand/Corbis
16页 Yann Guichaoua/Pictures Colour Library
17页 Antonio Attini/Archivio White Star
18-19页 Antonio Attini/Archivio White Star
20页 right Marcello Bertinetti/Archivio White Star
20-21页 Torleif Svensson/Corbis
21页 Jean Du Boisberranger/Hemis.fr
22页 Ariadne Van Zandbergen/Photolibrary Group
23页（上）Bruce Davidson/Naturepl.com/Contrasto
23页（下）Mark Daffey/Lonely Planet Images
24页 Jim Zuckerman/Corbis
24-25页 Martin Harvey; Gallo Images/Corbis
26-27页 Anup Shah/Naturepl.com/Contrasto
28页，28-29页，29页 Marcello Bertinetti/Archivio White Star
30-31页 San Bughet/Hoa-Qui/Hachette Photos/Contrasto
32页（上）Jean Du Boisberranger/Hemis/Corbis
32页（下），33页 Marcello Bertinetti/Archivio White Star
34页，34-35页，35页 Marcello Bertinetti/Archivio White Star
36页（上），36-37页，37页（下）Vincenzo Paolillo
36页（下）Mark Webster/Photolibrary Group
38页 Tobias Bernhard/zefa/Corbis
38-39页 Brian J. Skerry/National Geographic Image Collection
39页（上）Jeff Rotman/Naturepl.com/Contrasto
39页（下）SeaPics.com
40-41页 Amos Nachoum/Corbis
42-43页，44-45页 Tiziana and Gianni Baldizzone/Archivio White Star
43页 A. Dragesco-Joffe/Panda Photo
46-47页 George Steinmetz/Corbis
48页 A. Nardo/Panda Photo
48-49页 Tiziana and Gianni Baldizzone/Archivio White Star
49页 A. Dragesco-Joffe/Panda Photo
50页 Jason Venus/Naturepl.com/Contrasto
50-51页 Bios/Tips Images
52页 Marcello Bertinetti/Archivio White Star
52-53页 Antonio Attini/Archivio White Star
54-55页，56-57页 Marcello Bertinetti/Archivio White Star
58-59页，60-61页，61页，62页，62-63页，63页 Jean-Francois Hellio & Nicolas Van Ingen
59页 Ifa-Bilderteam Gmbh/Photolibrary Group
64页 Doug Allan/Naturepl.com/Contrasto
64-65页 Nic Bothma/epa/Corbis
66页 Ted Giffords/Alamy Images
66-67页 Carsten Peter/National Geographic Image Collection
67页 Ariadne Van Zandbergen/Alamy Images
68-69页 Chris Johns/National Geographic

Image Collection
70-71页 Carsten Peter/National Geographic Image Collection
72-73页 Martyn Colbeck/Photolibrary Group
74页 Gallo Images/Corbis
74-75页 Martin Harvey/Corbis
75页 M. Harvey/Panda Photo
76页 Elio Della Ferrera/Naturepl.com/Contrasto
76-77页 Stephen Garrett/World Illustrated/Photoshots
78-79页 Carsten Peter/National Geographic Image Collection
80页，82-83页 Marcello Libra/Archivio White Star
80-81页 Marcello Libra/Archivio White Star
81页 Michel & Christine Denis-Huot
82页，84页，85页 Marcello Bertinetti/Archivio White Star
86页 Michel & Christine Denis-Huot
86-87页 Pierluigi Rizzato
87页 Anup Shah/Naturepl.com/Contrasto
88-89页 Anup Shah/Naturepl.com/Contrasto
90页（上）Pierluigi Rizzato
90页（下）Michel & Christine Denis-Huot
90-91页 Michel & Christine Denis-Huot
92页 M. Harvey/Panda Photo
92-93页 Michel & Christine Denis-Huot
93页（上）M. Harvey/Panda Photo
93页（下）Martin Harvey/Corbis
94-95页 Wendy Stone/Corbis
95页 DLILLC/Corbis
96页，96-97页，97页，99页 Michel & Christine Denis-Huot
98-99页 Yann Arthus-Bertrand/Corbis
100页 Roy Toft/Getty Images
100-101页 Joe McDonald/Corbis
101页 Michel & Christine Denis-Huot
102-103页 Pierluigi Rizzato
104页 Marcello Bertinetti/Archivio White Star
104-105页 Pierluigi Rizzato
105页 Art Wolfe/Getty Images
106-107页 Michel & Christine Denis-Huot
108-109页，110-111页 Michel & Christine Denis-Huot
111页 Pierluigi Rizzato
112-113页 Michel & Christine Denis-Huot
114-115页 Pierluigi Rizzato
116-117页 Michel & Christine Denis-Huot
118页 Michel & Christine Denis-Huot
118-119页 Anup Shah/Naturepl.com/Contrasto
120-121页 Paul A. Souders/Corbis
122-123页 S. Wilby & C. Ciantar/Auscape
123页 Michael Nichols/National Geographic Image Collection
124页 Michel & Christine Denis-Huot
124-125页 Michel & Christine Denis-Huot
125页 Carsten Peter/National Geographic Image Collection
126-127页，127页 Adrian Warren/Ardea.com
128页，128-129页 Chris Johns/National Geographic Image Collection
129页 Bruce Davidson/Naturepl.com/Contrasto
130-131页，131页 Michael Nichols/National Geographic Image Collection
132页 Frans Lanting/National Geographic Image Collection
133页（上）Cyril Ruoso/JH Editorial/Getty Images
133页（下）Juniors Bildarchiv/Photolibrary Group
134页 Oxford Scientific/Photolibrary Group
134-135页 Marcello Bertinetti/Archivio White Star
135页 Ferrero-Labat/Ardea.com
136页，136-137页 Marcello Bertinetti/Archivio White Star
137页 Michael Nichols/National Geographic Image Collection
138页，138-139页 Michael Fay/National Geographic Image Collection
140页 Bruce Davidson/Naturepl.com/Contrasto
141页，143页 Michael Nichols/National Geographic Image Collection
142页 Steve Bloom Images/Alamy Images
144页 Michael Nichols/Getty Images
144-145页 Jean Michel Labat/Ardea.com
145页 Finbarr O'Reilly/Reuters/Contrasto
146-147页，147页，148-149页 Michael Nichols/National Geographic Image Collection
150页 Marcello Bertinetti/Archivio White

Star
150-151页 Michael Nichols/National Geographic Image Collection
152-153页 Michel & Christine Denis-Huot
154-155页 Frans Lanting/National Geographic Image Collection
155页 Atlantide Phototravel/Corbis
156-157页 Bobby Haas/National Geographic Image Collection
158页 Thomas Dressler/Ardea.com
158-159页 Chris Johns/National Geographic Image Collection
159页 Jonathan Blair/Corbis
160-161页 Beverly Joubert/Getty Images
162-163页 Gallo Images/Corbis
164页，166-167页，168-169页，169页，170页(上) Antonio Attini/Archivio White Star
164-165页 Harald Sund/Getty Images
170页（下） Bobby Haas/National Geographic Image Collection
171页，172-173页 Antonio Attini/Archivio White Star
174页，174-175页，175页 Bobby Haas/National Geographic Image Collection
176页 Paul A. Souders/Corbis
176-177页 Renee Lynn/Corbis
177页（上） Beverly Joubert/National Geographic Image Collection
177页（下） Michel & Christine Denis-Huot
178-179页 HPH Photography
180页（上） Paul A. Souders/Corbis
180页（下） Martin Harvey; Gallo Images/Corbis
180-181页 Frans Lanting/Corbis
182-183页 Theo Allofs/Corbis
184页 Nigel J. Dennis/NHPA/Photoshot
184-185页 Thomas Dressler/Ardea.com
185页 Nigel J. Dennis/NHPA/Photoshot
186-187页，187页，188-189页 Tony Heald/Naturepl.com/Contrasto
190-191页，192页，192-193页，194页，195页，196-197页，198-199页 Antonio Attini/Archivio White Star
200页 Patrick de Wilde/Hoa-Qui/Hachette Photos/Contrasto
200-201页 Hervé Collart/Sygma/Corbis
201页 HPH Photography
202页 M. Rufini/Panda Photo
202-203页 Roger De La Harpe; Gallo Images/Corbis
203页，204页 Antonio Attini/Archivio White Star
204-205页 Christophe Valentin/Hoa-Qui/Hachette Photos/Contrasto
206页 Gerald Cubitt/NHPA/Photoshot
207页 Nigel J. Dennis; Gallo Images/Corbis
208页，208-209页 Freeman Patterson/Masterfile/Sie
209页 Nigel J. Dennis/NHPA/Photoshot
210-211页 HPH Photography
212-213页 Antonio Attini/Archivio White Star
214页，215页（上） Nigel J. Dennis/NHPA/Photoshot
214-215页 Gallo Images/Corbis
215页（下） Winfried Wisniewski/zefa/Corbis
216-217页 Nigel J. Dennis; Gallo Images/Corbis
218页 Richard Packwood/OSF/Photolibrary Group
218-219页 Ifa-Bilderteam Gmbh/Photolibrary Group
220-221页 Tony Heald/Naturepl.com/Contrasto
222-223页 Gallo Images-Rod Haestier/Getty Images
223页 SeaPisc.com
224-225页 Antonio Attini/Archivio White Star
226-227页 Juan Carlos Muoz/Agefotostock/Marka
227页 Jouan-Rius/Jacana/Hachette Photos/Contrasto
228-229页 Pete Oxford/Naturepl.com/Contrasto
230页（上） DeAgostini·Picture Library/Archivio Scala
230页（下） Pete Oxford/Getty Images
230-231页 Christian Vaisse/Hoa-Qui/Hachette Photos/Contrasto
231页 Luis Marden/National Geographic Image Collection
232-233页，233页 Michael Fay/National Geographic Image Collection
234-235页 Pete Oxford/Naturepl.com/Contrasto
236页 Martin Harvey/NHPA/Photoshot

236-237页, 238-239页 Pete Oxford/Naturepl.com/Contrasto
239页 Jouan-Rius/Jacana/Hachette Photos/Contrasto
240-241页 Christian Vaisse/Hoa-Qui/Hachette Photos/Contrasto
242页, 242-243页, 243页 Yann Arthus-Bertrand/Corbis
244-245页 M. Watson/Ardea.com
246-247页 Andrew Bannister/Getty Images
248页 Catherine Jouan-Jeanne Rius/Hoa-Qui/Hachette Photos/Contrasto
248-249页 Jouan-Rius/Jacana/Hachette Photos/Contrasto
250页 DeAgostini Picture Library/Archivio Scala
250-251页, 251页 Yann Arthus-Bertrand/Corbis
252页, 252-253页, 253页 Marcello Bertinetti/Archivio White Star
254页, 255页 Christian Vaisse/Eyedea Illustration/Hachette Photos/Contrasto
254-255页 Sebastian/Alamy Images
256-257页 M. Watson/Ardea.com
257页 Andy Rouse/Corbis
258-259页 Karl-Heinz Haenel/Corbis
259页 Wolfgang Kaehler/Corbis
260页, 260-261页, 261页, 262-263页 World Pictures/Photoshot
264-265页 Ralph Lee Hopkins/Getty Images
266页, 266-267页, 267页 Vincenzo Paolillo
268页, 268-269页, 269页 Linda Pitkin/NHPA/Photoshot
270页 Sylvain Grandadam/Getty Images
270-271页 Georges Antoni/Hemis/Corbis
272-273页 Ariadne Van Zandbergen/OSF/Photolibrary Group
274-275页 Olivier Grunewald/OSF/Photolibrary Group
文中地图版权皆归BNSC 1998/NERC/RAL/CCLRC/ESA所有